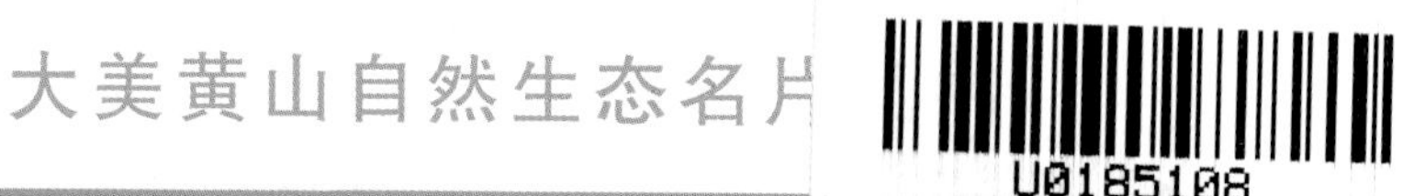

大美黄山自然生态名片

The Lovely Animals in Huangshan

可爱的黄山动物

夏尚光　蔡懿苒　张 功　编著

北京时代华文书局

图书在版编目(CIP)数据

可爱的黄山动物 / 夏尚光，蔡懿苒，张功编著. — 北京 ：北京时代华文书局，2021.12

ISBN 978-7-5699-4462-4

Ⅰ. ①可… Ⅱ. ①夏…②蔡…③张… Ⅲ. ①黄山—动物—介绍 Ⅳ. ①Q958.525.4

中国版本图书馆 CIP 数据核字(2021)第 243407 号

可爱的黄山动物

KE'AI DE HUANGSHAN DONGWU

编 著 者 | 夏尚光　蔡懿苒　张　功

出 版 人 | 陈　涛
选题策划 | 黄力群
责任编辑 | 周海燕
特约编辑 | 乔友福
责任校对 | 凤宝莲
装帧设计 | 精艺飞凡
责任印刷 | 訾　敬

出版发行 | 北京时代华文书局 http://www.bjsdsj.com.cn
北京市东城区安定门外大街 138 号皇城国际大厦 A 座 8 楼
邮编:100011　电话:010—64267955　64267677
印　　刷 | 湖北恒泰印务有限公司，027—81800939
(如发现印装质量问题,请与印刷厂联系调换)
开　　本 | 710mm×1000mm　1/16　印　张 | 8　字　数 | 140 千字
版　　次 | 2022 年 5 月第 1 版　印　次 | 2022 年 5 月第 1 次印刷
书　　号 | ISBN 978-7-5699-4462-4
定　　价 | 48.00 元

前　言

黄山是祖国大好河山的杰出代表，拥有神奇秀美的自然景观和十分丰富的文化内涵，生态环境绝佳。黄山是世界文化与自然双重遗产、世界地质公园、国家AAAAA级旅游景区、国家级风景名胜区、全国文明风景旅游区示范点、中华十大名山之一，与长江、长城、黄河同为中华壮丽山河和灿烂文化的卓越代表，被世人誉为“人间仙境”“天下第一奇山”，素以奇松、怪石、云海、温泉、冬雪“五绝”著称于世。同时，黄山还是全国首批低碳旅游示范区、生态旅游示范区、绿色旅游示范基地、十佳旅游目的地和全球首批自然保护地。境内群峰竞秀，怪石林立，有众多千米以上高峰，“莲花”“光明顶”“天都”三大主峰海拔均逾1800米。明代大旅行家徐霞客曾两次登临黄山，赞叹道：“薄海内外无如徽之黄山，登黄山天下无山，观止矣！”后人据此概括为“五岳归来不看山，黄山归来不看岳”。黄山以其优美的自然风光、深厚的文化底蕴和独特的生物多样性闻名世界，于1990年12月被列入世界遗产名录，是中国第二个文化与自然双遗产。

黄山也是全球首个“全冠王”，即集世界生物圈保护区、世界文化与自然遗产、世界地质公园于一身的自然保护地。欲戴王冠，必承其重，黄山作为世界生物圈保护区是中国贡献给全人类的宝贵财富。诸多头衔集于一身的黄山是游玩安徽的首选之地，是安徽省的亮眼标签，它秉承着多项使命，可游、可览、可观、可玩，一草一木皆是景，一呼一吸任尔行。在孕育生命方面，黄山生物的多样性令人叹为观止，黄山可称为“母亲山”，偌大的山脉承载着生命的繁衍，欣欣向荣，生生不息。黄山无言地奉献着自我，繁衍着生命，它寂寞而孤独，坚忍又倔强，饱含着对生命的无私和深情。黄山野生动物的繁衍栖息最终将影响到整个人类社会，善待每一种动物，还动物一个不被打扰的世界，是黄山实现可持续发展要面对的永恒课题。

黄山有诸多野生动物，往来游客无数。不少游客见异兽徘徊于前，却不知其名；闻珍禽鸣唱于侧，而不知其形；饱览山川秀色，却不识朋友知音，多么遗憾！为倡导保护优先理念，善待生命，丰富生态文化，普及动物知识，我们编撰了这本《可爱的黄山动物》，对黄山景区哺乳、两栖和爬行动物以及昆虫进行了图片及文字说明，由于鸟类另行成册，本书不再重复。本书可为广大游客、动物爱好者、野生动物保护者，尤其为广大青少年提供学习和科普教育资源。本书在编写的过程中，得到了安徽省林业厅、黄山风景区管理委员会、安徽省林学会的大力支持，在此一并表示衷心的感谢。同时，本书引用了部分专项调查报告、科研论文，未能一一注明作者，在此亦致谢忱。

由于编者水平有限，本书虽经反复修改，其中遗漏和不足之处亦在所难免，恳盼方家不吝指正。

黄山美景（汪钧 摄）

目 录

前 言

第一章 哺乳动物 …… 001

第一节 豹皮猫骨——豹猫 …… 004

第二节 森林卫士——穿山甲 …… 007

第三节 猫屎咖啡生产者——大灵猫 …… 011

第四节 《故乡》的“猹”（chá）——狗獾（huān） …… 013

第五节 一丘之“貉”（hé）——貉 …… 015

第六节 最神秘的鹿科动物——黑麂（jǐ） …… 017

第七节 “非典”背锅侠——花面狸 …… 019

第八节 鼬科之狼——黄喉貂 …… 023

第九节 奔跑高手——黄麂 …… 025

第十节 黄山精灵——黄山短尾猴 …… 029

第十一节 似鼠非鼠——黄山小麝鼩（qú） …… 034

第十二节 盲鼠不盲——黄山猪尾鼠 …… 037

第十三节 森林杀手——金猫 …… 038

第十四节 铁蹄银鬃的天马——鬣（liè）羚 …… 041

第十五节 长寿的仙兽——梅花鹿 …… 043

第十六节 小夜游神——小灵猫 …… 046

第十七节 “獐”头鼠目——獐 …… 049

第十八节 森林中的绅士——中国豪猪 …… 052

第十九节 暴脾气的獾胖子——猪獾 …… 055

第二章 两栖动物 …… 057

第一节 “超声波”青蛙——凹耳蛙 …… 060

第二节 娃娃鱼——大鲵 …… 062

第三节 中国小火龙——东方蝾螈 …… 065

第四节 亚洲之蛙——虎纹蛙 …… 068
第五节 天气预报小能手——棘胸蛙 …… 070
第三章 爬行动物 …… 072
第一节 五步蛇——尖吻蝮（fù） …… 074
第二节 龟中皇者——金头闭壳龟 …… 077
第三节 不缩头的狠角色——平胸龟 …… 079
第四节 毒丈夫——眼镜蛇 …… 081
第五节 亚洲死神——银环蛇 …… 083
第四章 昆虫 …… 087
第一节 昆虫界“四不像”——蜂鸟鹰蛾 …… 088
第二节 中国最大的蜻蜓——蝴蝶裂唇蜓 …… 090
第三节 中国最大的蝴蝶——金裳凤蝶 …… 093
第四节 爬动的宝石——拉步甲 …… 095
第五节 铁甲武士——双叉犀金龟 …… 097
第六节 昆虫中的猎豹——硕步甲 …… 100
第七节 优雅仙子——丝带凤蝶 …… 102
第八节 中国甲虫中的“长臂猿”——阳彩臂金龟 …… 104
第九节 网红巨齿蛉——越中巨齿蛉 …… 106
第十节 蝴蝶先生——中华虎凤蝶 …… 108
黄山动物研学之旅 …… 111
一、研学目标 …… 112
二、研学内容 …… 112
三、物资准备 …… 118
四、研学行程 …… 118
五、安全注意事项 …… 118
六、研学成果展示 …… 119
参考文献 …… 120
后　记 …… 121

第一章 哺乳动物

习近平总书记说：像保护眼睛一样保护生态环境，像对待生命一样对待生态环境。绿水青山就是金山银山。

黄山峰壑纵横，植被茂密，水草丰美，气候多样，有着丰富的野生动物资源。目前，黄山有2385种高等植物，以全国0.44‰的陆地面积，分布着全国6.92%的植物物种和9.55%的动物物种，被世界自然保护联盟确定为世界108个生物多样性分布中心之一，被认定为中国35个生物多样性保护优先区域之一。黄山既是植物宝库，亦是动物天堂。有脊椎动物417种，其中鱼类38种、两栖动物28种、爬行类52种、鸟类224种、哺乳类75种；无脊椎动物中，蝶类175种，蜘蛛目138种。被列入世界自然保护联盟（IUCN）濒危物种红色名录的有18种，被列入濒危野生动植物种国际贸易公约（CITES）的有58种。根据2021年国务院批准的国家林业和草原局、农业农村部第3号令颁布的《国家重点保护野生动物名录》统计，黄山有国家Ⅰ级保护动物14种（兽类9种、鸟类5种），国家Ⅱ级保护动物53种（兽类8种、鸟类37种、两栖类3种、爬行类5种）。

黄山生物多样性确实存在水平下降情况，最为典型的是大型猫科动物。根据文献记载，黄山风景区历史上曾有数量较多的虎、豹，但目前虎和金钱豹已经多年未见出现。虎已绝迹多年，金钱豹在当地居民家中尚保留有其残肢，推测该物种在保护区内尚有分布，但数量已经非常稀少。

由于我们过去对合理利用野生动物资源缺乏认识，黄山宝贵的动物资源遭到了严重的破坏。怀抱对生命的敬畏之心，现在就请您跟随笔者一同走进丛林，感知一二吧！

歙县石潭晚霞（杨多文 摄）

相关链接

生物多样性 指的是地球上生物圈中所有的生物，即动物、植物、微生物，以及它们所拥有的基因和生存环境。它包含三个层次：遗传多样性，物种多样性，生态系统多样性。简单地说，生物多样性表现的是千千万万的生物种类。

没有生物多样性，就不存在生态系统服务功能，如果生物多样性丧失，将导致各个生态系统功能的减弱甚至丧失，也将进一步威胁人类的生存和发展。自然界里的所有生物都是互相依存、互相制约的，牵一发而动全身，每一种物种的绝迹都预示着很多物种即将面临死亡。

第一节 豹皮猫骨——豹猫

夜行的豹猫

豹猫为国家Ⅱ级重点保护野生动物。豹猫头体长 36～66 厘米，体重 1.5～5 千克。豹猫在中国也被称作“钱猫”，因为其身上的斑点很像中国的铜钱。其体形和家猫相仿，较家猫更加纤细，腿更长。体侧有斑点，不连成垂直的条纹。明显的白色条纹从鼻子一直延伸到两眼间，常常到头顶。耳大而尖，耳后黑色，带有白斑点。两条明显的黑色条纹从眼角内侧一直延伸到耳基部。内侧眼角到鼻部有一条白色条纹，鼻吻部白色。尾巴有环纹，延至黑色尾尖。

豹猫

拉丁名：*Prionailurus bengalensis*；

猫科、豹猫属；

民间称谓：狸猫、狸子、铜钱猫、石虎、麻狸、猫尾子、鸡豹子。

豹猫的窝穴多在树洞、土洞里、石块下或石缝中。主要为地栖，攀爬能力强，在树上活动灵敏自如。夜行性，晨昏活动较多。独栖或成对活动。善游水，喜在水塘边、溪沟边、稻田边等近水之处活动和觅食。主要以鼠类（如松鼠、飞鼠）、兔类、蛙类、蜥蜴、蛇类、小型鸟类、昆虫等为食，有时潜入村寨盗食鸡、鸭等家禽。

豹猫的繁殖方式有地域性。北方的豹猫繁殖有一定的季节性，一般春夏季繁殖，春季发情交配，妊娠期60～70天，5—6月份产仔，每年1胎，每胎2～4仔，以2仔居多，如果因被捕食或因其他原因失去一窝，雌性可以在4～5个月后再次怀孕；南方的豹猫繁殖季节性似不明显，1—6月份都能发现幼仔出生。在东南亚一年四季都可以繁殖。幼崽出生时体重75～120克，出生后10天内可以睁开眼睛。幼崽在18～24个月大时性成熟。在野外，豹猫的平均寿命为4年，圈养的豹猫寿命可达20年。

豹猫主要栖息于山地林区、郊野灌丛和林缘村寨附近，从低海拔海岸带一直到海拔3000米的高山林区均有分布。在半开阔的稀疏灌丛生境中数量最多，浓密的原始森林、垦殖的人工林（如橡胶林、茶林等）和空旷的平原农耕地数量较少，干旱荒漠、沙丘几无分布。

人工饲养的豹猫有很高的经济价值，豹猫皮又名“狸子皮”，有漂亮的花纹，毛色艳丽，皮质柔软结实，毛绒丰厚耐寒。豹猫骨可入药，能治风湿病。豹猫捕食啮齿类动物，为鼠类天敌。由于人们对豹猫皮毛的贪婪索取，以及将其作为宠物的需要，加上一些不法分子对野生豹猫的乱捕滥杀，豹猫变得岌岌可危。

豹猫标本（汪钧 摄）

宠物豹猫是指孟加拉豹猫，是由野生豹猫和家猫杂交至少四代培育出来的。1963 年，琼·苏格登·穆勒将一只公的黑色短毛家猫与一只母的亚洲豹猫交配，繁育豹猫。然而，这种猫有一半的基因来自野生豹猫，野性太强且基因不稳定，不适合家养。于是，猫贩子继续改良这个品种，筛选出性格更温顺、外观更美丽的后代。当时，大量的野生豹猫被偷捕用作繁育工具，导致野生豹猫数量减少，最后成为保护动物。1984 年，经过猫贩子多次培育，孟加拉豹猫成为一种具有温驯个性与稳定遗传特性的新猫种。在利益推动下，孟加拉豹猫被国际猫协会认可为新品种的家猫，可以合法饲养。

然而，宠物豹猫合法饲养的背后却有残酷的真相：大量野生豹猫因此而消失。在我国的宠物市场上，所谓的孟加拉豹猫有大量滥竽充数的个体，它们中有些是野生豹猫和家猫杂交第一代的个体，甚至有很多就是野生豹猫，披着孟加拉豹猫的外衣被“合法”销售。非法繁育场的野生豹猫被关在狭小的铁笼里，死之前还要不断被用作生育工具，为黑心贩子挣钱。

豹猫可以家养吗?

不可以。豹猫是国家Ⅱ级保护野生动物，即便是人工饲养的豹猫也不可以家养。请坚决抵制来路不明的豹猫！但仍然有人会说：即便是豹猫，我养着好好伺候还不行吗？不行！因为你做不到。野生物种对人并不亲近，普遍性情暴烈凶猛，和饲养人建立良好关系的情况极罕见。人工饲养环境下，豹猫的自然天性无法被满足，饲养食物无法满足其营养需求，即使天天喂肉也不行。另外，野生猫科动物对人类社会中的一些疾病毫无抵抗能力。

第二节　森林卫士——穿山甲

穿山甲为国家Ⅰ级重点保护野生动物。穿山甲头体长 42～92 厘米，尾长 28～35 厘米，体重 2～7 千克；鳞片与体轴平行，共 15～18 列。尾上另有纵向鳞片 9～10 片。鳞片棕褐色，老年兽的鳞片边缘呈褐色或灰褐色，幼兽尚未角化的鳞片呈黄色。吻细长。脑颅大，呈圆锥形。具有一双小眼睛，形体狭长，全身有鳞甲，四肢粗短，尾扁平而长，背面略隆起。不同个体体重和身长差异极大。舌长，无齿。耳不发达。足具 5 趾，并有强爪；前足爪长，尤以中间第 3 爪特长，后足爪较短小。全身鳞甲如瓦状。

穿山甲

拉丁名：*Manis pentadactyla*；

英文名：Pangolin；

穿山甲科、穿山甲属；

民间称谓：地龙、鲮鲤。

穿山甲（黄山风景区管理委员会 供图）

穿山甲喜炎热，能爬树。能在泥土中挖出深 2～4 米、直径 20～30 厘米的洞。末端的巢径约 2 米。以长舌舔食白蚁、蚁、蜜蜂或其他昆虫。猛兽、猛禽为其天敌，偶尔遭家犬袭击。穿山甲长长的爪子挖掘出一个白天睡觉的洞穴，在傍晚则四处去寻找食物。穿山甲视力不佳，但不依赖于视觉，而是依靠嗅觉来寻找猎物。它们利用其强大的前爪打破白蚁或蚂蚁巢，然后用它长而黏的舌头将昆虫舀进嘴里。在进食时，穿山甲可以闭合其鼻孔和耳朵，以防止昆虫蜂拥而进，而厚厚的眼睑可以遮挡眼睛。因为它们缺乏牙齿，所以它们的食物是在胃中被磨碎的。

穿山甲 4—5 月份交配，12 月或翌年 1 月份产仔。幼仔伏于母兽背部，随之外出活动。初生幼仔体长约 45 厘米，重约 450 克，身上没有鳞片，如果母兽受到威胁，它就会将幼仔保护在身下或尾巴里。雄性穿山甲显示出父亲的本能，它们会和雌性及幼仔共处同一个洞穴。在春夏之交，人们可能会观察到雄性穿山甲与雌性交配，交配在3～5天内完成。穿山甲在深深的洞穴中度过冬天，这个洞穴位于白蚁巢旁，方便获取食物。在此期间，雌性产出一只幼仔，穿山甲在1岁左右达到性成熟。

穿山甲栖息于丘陵、山麓、平原的树林潮湿地带，栖息地各种各样，包括热带森林、针叶林、常绿阔叶林、竹林、草原和农田。

穿山甲标本（汪钧 摄）

相关链接

《楚辞·天问》"鲮鱼何所"汉王逸注："一云鲮鱼，鲮鲤也。有四足，出南方。"《魏书·高祐传》："高宗末，兖州东郡吏获一异兽，献之京师，时人咸无识者。诏以问祐，祐曰：'此是三吴所出，厥名鲮鲤，余域率无。'"明李时珍《本草纲目·鳞一·鲮鲤》："其形肖鲤，穴陵而居，故曰鲮鲤，而俗称为穿山甲。郭璞赋谓之龙鲤。《临海水土记》云：'尾刺如三角菱，故谓石鲮。'"清屈大均《广东新语·介语·鲮鲤》："鲮鲤，似鲤有四足，能陆能水，其鳞坚利如铁，黑色，绝有气力，能穿山而行，一名穿山甲。"

穿山甲全身披着五百到六百块硬角质的厚甲片，就像古代穿着铠甲的武士。穿山甲甲片的硬度据说超过了铠甲，即便用小口径步枪打，子弹也难以射穿。穿山甲又被称为"森林卫士"。一只穿山甲每年能吃 700 万只蚂蚁和白蚁，对维持森林健康非常有帮助。然而，它却是世界上买卖量最多的哺乳类动物。每年 2 月第三个星期六是"世界穿山甲日"，目前野生穿山甲正在遭受着人类肆意的猎杀。从穿山甲数量的锐减可以看出黄山的生物多样性也面临极大的威胁，究其原因，一方面，黄山旅游规模的扩大，以及黄山旅游可持续发展研究的滞后，给景区发展及生物多样性的保护带来不利影响。从总体上看，黄山游客数量并不多，但由于已开发利用景区景点密集，容量过小，景区景观和生态环境质量的保护十分困难，旅游资源的开发已经直接影响到生物多样性的保护。如金钱豹这样的大型食肉类动物，其种群自身维护在历史上一直得到周边地区自然半自然环境的支撑，而现今周边人类干扰不断增加，尤其是环黄山风景区公路的建成切断了景区与周边的生态联系，使其种群被分隔，这是黄山动物多样性减少的主要原因。另一方面，不法之徒的猎杀行为也是很重要的原因。一些人推崇所谓的"野味"，不少人认为"野味"比家禽、家畜吃起来更有营养，口感也更好；更有人觉得能吃到"野味"是一种身份的象征和炫耀的资本。其实，关于食用"野味"，医学界早有共识，野生动物并不比家养动物更有营养或更加美味，反而往往会让人"祸从口入"。野生飞禽走兽、熊掌燕窝与家养猪、牛、羊肉的营养成分并没有多大的区别，而且野生动物在外觅食谋生，经常会经历“饥一顿、饱一顿”的状态，很难积累较多的营养成分，食用所谓“免疫力强”的野生动物并不会增强人类身体的免疫力，绝大部分的野生动物体内含有人类难以抵抗的病毒，如埃博拉病毒等。全世界的濒危动物有 794 种，我国占 120 多种，地球上的生物原本自然形成食物链而互相依存，试问：如果有一天这世界只剩下人类，那么人类还能支撑多久？

第三节　猫屎咖啡生产者——大灵猫

大灵猫为国家Ⅰ级重点保护野生动物。体长 60～80 厘米，尾长 40～51 厘米，体重 6～10 千克。头略尖，额部相对较宽，趾行性。体基色棕灰，体斑黑褐色。颈侧和喉部有 3 条波状黑色领纹，其间夹白色宽纹。腹毛灰棕无斑纹，四足黑褐，尾具 5～6 条黑白相间色环。

大灵猫（黄山风景区管理委员会 供图）

大灵猫

拉丁名：*Viverra zibetha*；

英文名：Large Indian Civet；

灵猫亚科、灵猫属；

民间称谓：麝香猫、九江狸、九节狸、灵狸。

大灵猫生性孤独，喜夜行，生性机警，听觉和嗅觉都很灵敏，行动敏捷，性狡猾多疑，故称狐狸猫。白天隐藏在灌丛、草丛、树洞、土洞、岩穴中，晨昏开始活动，常在森林边缘、农耕地附近、沟谷甚至居民点附近觅食，两三小时后又回到栖息地。善于攀登树木，也善于游泳，为了捕获猎物经常涉水，但主要在地面上活动。在活动区内有固定的排便处，可根据排泄物推断其活动强度。遇敌时，可释放极臭的物质用于防身。捕猎时多采用伏击的方式，有时将身体没入两足之间，像蛇一样爬过草丛，悄悄地接近猎物，突然冲出捕食。

大灵猫是季节性繁殖的动物，野生大灵猫 13～15 月龄时，就可达到性成熟；人工养殖条件下，一般在 2 岁左右才达到性成熟。雄性体重 6 千克以上、雌性约 5 千克时才具有繁殖能力。大灵猫每胎 2～4 仔，发情期多集中在每年的 1—3 月份，怀孕期为 70～74 天，每年的 4—5 月份为产仔高峰期。

大灵猫主要栖息于海拔 2100 米以下的热带雨林、亚热带常绿阔叶林的林缘灌木丛、草丛中，并选择岩穴、土洞或树洞作为栖息点。

大灵猫的肛门下有一囊状芳香腺，十分发达，会分泌出“灵猫香”，气味持久不散。大灵猫有特殊的定向本领，这是靠囊状香腺分泌出的灵猫香来指引的。它在活动时，凡是栖息地内的树干、木桩、石棱等沿途突出的物体，都会用香腺的分泌物涂抹，俗称“擦桩”，这种擦香行为起着标记领域的作用，可对其他同类起着联络的作用，就像有些动物通过尿液来标识领地一样。当它获得食物或遇到敌害后，就能以最快的速度循着留下的标记所指引的路线准确地返回洞穴。这种分泌物气味挥发性强，存留时间久，正好适合大灵猫在离洞穴有一定距离的地方，或者空间有植物障碍，以及相隔时间较长情况下得到信息。

灵猫香有一个特点：近嗅带尿臭味，远嗅则有一种类似于麝香的香味儿。所以人们将其称为麝香猫。大灵猫天生带有的麝香，可被人类加以利用，来提取制作高级香剂。印度尼西亚人利用大灵猫来制作猫屎咖啡。大灵猫吃下咖啡果后，将咖啡豆排泄出来，人们把它的粪便中的咖啡豆提取出来，然后加工制作猫屎咖啡。这种咖啡十分稀罕，也十分昂贵，因而受利益驱使的人将野生大灵猫捉来，生产猫屎咖啡豆。这种做法给野生大灵猫带来了很大伤害。

相关链接

猫屎咖啡和普通咖啡有什么区别？

猫屎咖啡原产于印度尼西亚，当地的农民通常小心地收集麝香猫粪便中的咖啡豆，再经过挑选、晾晒、除臭、加工烘焙等数道工序，制造出全世界最稀有、最独特的猫屎咖啡。香甜饱满的咖啡果实经过麝香猫的消化系统，被消化掉的只是果实外表的果肉，坚硬无比的咖啡原豆会被麝香猫排出体外，而经过这一消化过程，咖啡豆产生了神奇变化，风味独特，味道特别香醇，是其他咖啡豆无法比拟的。普通咖啡豆的制作过程，是将咖啡果实经日晒后，除去果皮、果肉和羊皮层，最后取出咖啡豆。而麝香猫的消化系统优化了咖啡豆中的蛋白质，从而使咖啡的苦味降低，增加了咖啡香醇的口感。

第四节 《故乡》的“猹”(chá)——狗獾(huān)

狗獾为安徽省Ⅱ级保护野生动物。狗獾在鼬科中体形较大，体长50～65厘米，尾长14～20厘米，肥壮，颈部粗短，四肢短健，尾短，体背褐色与白色或乳黄色混杂，四肢内侧黑棕色或淡棕色。

狗獾

拉丁名：*Meles meles*；

英文名：Eurasian badger；

鼬科、狗獾属；

民间称谓：獾芝、麻獾、獾子、猹(chá)。

狗獾活动以春、秋两季最盛，一般在夜间8—9点后开始活动，至拂晓4点左右回洞。活动范围小而固定，有2～3千米，往返都沿一定路径。狗獾有冬眠习性，挖洞而居。白天入洞休息，夜间出来寻食。狗獾性情凶猛，但不主动攻击家畜和人，当被人或猎犬紧逼时，常发出短促的“噗噗”声，同时能挺起前半身以锐利的爪和犬齿回击。狗獾为杂食性，以植物的根、茎、果实和蛙、蚯蚓、小鱼、沙蜥、昆虫（幼虫及蛹）以及小型哺乳类动物等为食。

狗獾每年繁殖一次，9—10 月份雌雄互相追逐，进行交配，次年 4—5 月份产仔，每胎 2～5 仔，幼仔一个月后睁眼，6—7 月份幼兽跟随母兽活动和觅食，常发出“叽叽”的叫声。秋季幼兽离开母兽独立生活，三年后性成熟。

狗獾栖息环境比较广泛，可栖息于森林或山坡灌丛、田野、坟地、沙丘草丛及湖泊、河溪旁边等各种生境中。

狗獾标本

狗獾有很高的经济价值，人工饲养的狗獾是主要的毛皮兽之一，狗獾和猪獾的毛皮统称獾皮。以冬天的毛皮质量最佳，毛被丰厚，绒长稠密。獾皮可制裘皮袄、褥垫和衣领等。拔下的针毛柔韧耐磨，可制毛刷和高级毛笔等。獾油是一种中药材，由狗獾或者猪獾的脂肪熬制而成，具有很高的药用价值。

相关链接

为什么狗獾脾气很暴躁？

这要从狗獾的生活习性说起。狗獾生活在森林、草原等多种类型的生态环境里，它们是杂食性动物，小型的鼠类、节肢动物、两栖动物、爬行动物，甚至搁浅的鱼类，都是它们的食物。大自然中对于食物的竞争是非常激烈的，松鼠、野猪、野兔、狍子、貉、赤狐等和狗獾生活在一起的动物，都会寻找类似的食物。所以，那些不怎么隐蔽的食物或者容易获得的食物，大部分都已经被各种动物瓜分掉了。狗獾要想吃饱，就需要去寻找更不容易获得的食物。要生存，就要付出更多的努力，并且不放弃任何机会。狗獾在这样的生存压力下演化而来的暴脾气，只是让自己变得更强大，能够在残酷的环境中生存下来而不得已选择的道路罢了。勇敢、不放弃、执着等这些本富有人类感情色彩的词语恰到好处地形容了狗獾。实际上我们也知道，这是野生动物为了适应残酷自然界的生存策略。

第五节　一丘之“貉”（hé）——貉

貉为国家Ⅱ级重点保护野生动物。貉是犬科非常古老的物种，被认为是类似犬科祖先的物种。体形短而肥壮，介于浣熊和狗之间，小于犬、狐。体色乌棕，吻部白色。四肢短，呈黑色；尾巴粗短。脸部有一块黑色的“海盗似的面罩”。

貉在夏季居于阴凉石穴中；其他季节除产仔外，一般不长居洞穴，而躲在距洞穴不远的地方，有夜行性，一般白昼隐匿，夜间出来活动。貉通常沿着河岸、湖边以及海边觅

相关链接

貉

拉丁名：*Nyctereutes procyonoides*；

英文名：Raccoon dog；

犬科、貉属；

民间称谓：貉子、椿尾巴、毛狗。

食，取食范围从鸟类、小型哺乳动物直至水果，以成对或临时式的家族群体被发现。与大多数的犬科成员不同，它比较善于爬树，性较温驯，叫声低沉。除能攀爬树木外，貉也会游水。貉也是犬科动物中唯一在冬季休眠的动物，在秋季大量取食，直到体重比原来增加50%为止。貉冬季常非持续性睡眠，即在洞中睡眠不出，但与真正冬眠不同，在融雪天气中往往也出来活动。

貉

2—3月份为貉的交配期，怀孕时间为50～80天，以62～63天居多。5—6月份产仔，一雄配多雌，每胎5～12仔，多者可达15仔，以6～8仔居多。幼兽当年秋天即可独立生活。天敌有狼、猞猁等。

貉栖息于阔叶林中开阔、接近水源的地方或开阔草甸、茂密的灌丛带和芦苇地，如河谷、草原和靠近河川、溪流、湖泊的丛林中，很少见于高山的茂密森林中。行穴居生活，洞穴多数是露天的，常利用其他动物的废弃旧洞，或营巢于石隙、树洞里。

人工饲养的貉是重要的毛皮兽，去针毛的绒皮为上好制裘原料，轻暖而又耐久，御寒性好，色泽均匀。其针毛弹性好，适于制造画笔、胡刷及化妆用刷等。貉的毛皮质量因产区、季节和毛皮剥制技术等差异而有所不同，按质量差异貉皮分为南貉、北貉两大类。养殖者对毛皮类动物的残忍取皮已引起广泛关注，社会各界人士在对不人道的剥皮行为进行谴责的同时，也纷纷发起抵制皮草活动。

一丘之貉的意思是一个土山里的貉，比喻彼此同是丑类，没有什么差别，含贬义。这个成语被用来形容反面的事物，含有讥诮的口吻。严复《救亡决论》有云："否塞晦盲，真若一丘之貉。"

第六节　最神秘的鹿科动物——黑麂（jǐ）

黑麂为国家Ⅰ级重点保护野生动物。黑麂是麂类中体形较大的种类，是我国的特产动物。体长 100～110 厘米，肩高 60 厘米左右，尾长 18～24 厘米，体重 21～29 千克。冬毛上体暗褐色，夏毛棕色成分增加。尾较长，一般超过 20 厘米，背面黑色，尾腹及尾侧毛色纯白，白尾十分醒目。眼上的额顶部有簇状鲜棕、浅褐或淡黄色的长毛，有时能把两只短角遮得看不出来，"蓬头麂"之名就是由此而来的。

黑麂

拉丁名：*Muntiacus crinifrons*；

英文名：Black fronted muntjac；

麂亚科、麂属；

民间称谓：乌金麂、蓬头麂、红头麂、青麂。

黑麂胆小怯懦，恐惧感强，大多在早晨和黄昏活动，白天常在大树根下或在石洞中休息，稍有响动就立刻跑入灌木丛中隐藏起来。其在陡峭的地方活动时，有较为固定的路线，常踩踏出 16～20 厘米宽

的小道，但在平缓处则没有固定的路线。一般雄雌成对在一起，活动比较隐蔽，有领域性，一般在领域范围内活动，具有惊人的游泳本领。黑麂有游走觅食的习性，在一定的范围内来回觅食，直到吃饱为止。主要以草本植物的叶和嫩枝等为食，人们曾在它的胃内发现过一些碎肉块，表明它偶尔也吃动物性食物。

黑麂（黄山森林生态系统国家定位观测研究站 供图）

黑麂全年都能繁殖，没有明显的季节性。雌麂 8 个月龄性成熟，妊娠期 6～7 个月。每胎 1 仔，估计每 4 年内能产 3 胎。哺乳期内少数雌麂又开始怀孕，但大多数雌麂在断奶后才发情，寿命 10～11 年。

黑麂主要栖息于海拔为 1000 米左右的山地常绿阔叶林及常绿、落叶阔叶混交林和灌木丛中，较其他鹿类栖息的位置高。

黑麂在鹿科动物中长相最为诡异，脸蛋小巧可爱，大眼睛水汪汪的，可是嘴角却会露出一截恐怖的尖牙，从上颌延伸出来，好像吸血鬼一般；黑麂染色体数目稀少且雌雄各异（雌性 8 条、雄性 9 条），在动物里面甚是奇异。其因数量稀少，异常警觉，被誉为世界上最神秘的鹿科动物，也是中国特有的动物，珍稀程度可匹敌大熊猫！

第七节 “非典”背锅侠——花面狸

花面狸为安徽省Ⅰ级保护野生动物。花面狸头体长 40～69 厘米，体重 3～7 千克。面部纹路因地理差异而变化，一般从前额到鼻垫有一条中央纵纹，眼下有小的白色或灰色眼斑，眼上有较大的、更加清晰的白斑，并可能延伸到耳基部，鼻部黑色。身体无斑点，硬毛为锈褐色到深褐色，其下绒毛通常为淡褐色或灰色。

花面狸营家族生活，常雌雄老幼同栖一穴。交配季节也常成对活动。极善攀缘，能靠其灵巧的四肢和长尾在树枝间攀跳自如，觅食树果，追捕小鸟和松鼠。遇惊吓时，往往从树上跳下；若遇猎犬追赶，则上树或逃进洞穴中躲藏。花面狸多在树上活动和觅食，当发现有成熟果子时，往往反复觅食，每晚必来，树上留下斑斑爪痕。此外，花面狸也捕食小动物，如鸟、野鸡、青蛙、蚯蚓、田螺、蚂蟥、蚱蜢等。

花面狸发情交配期多在每年的 3—4 月份，产仔期为 5—6 月份。两性在发情期间食欲均减退。雌兽发情期可延续 3～5 天，发情时非常不安，交配方式与大灵猫相似，但花面狸交配过程持续时间较长，约需 2 分钟。交配时，雌兽发出“唧唧”的叫声。可多次交配，有时一日内可达 20 次。每次交配间隔时间仅 4～5 分钟。怀孕期约 2 个月。母兽产仔多在夜间进行。产仔时，常发出“唧唧”的叫声，每胎 2～4 仔。

行进中的花面狸

花面狸是一种比较常见的林缘兽类。它们主要栖居于季雨林、常绿或落叶阔叶林、稀树灌丛或间杂石山的稀树裸岩地，多利用山冈的岩洞、土穴、树洞或浓密灌丛作为隐居场所。冬春时多在洞穴中休息，夏季炎热时常隐于浓密灌丛中。

花面狸有很高的经济价值。人工饲养的花面狸毛绒厚软，板质良好者为上品，系中国出口大宗皮张种类之一；毛皮可制裘、皮帽、手套；针毛可制毛刷和笔；狸骨有祛风湿、壮筋骨、滋补安神的作用，可用于治风湿关节痛；脂肪可润肤，用于治皮肤皲裂、烫火伤。

花面狸在民间更多被称为“果子狸”，果子狸的成名史很奇特，先是因为肉质鲜嫩变成了“席上宾”，接着又因为携带“非典”病毒被人人喊打，随着时间推移，它身上的冤屈又被慢慢洗去，箭头开始指向幕后真凶蝙蝠。对于果子狸来说，“狸”生充满了跌宕起伏的戏剧情节。2003 年 9 月，广州增槎野生动物市场中的果子狸因体内 SARS-CoV 病毒抗体阳性概率高达 78%，导致五天之内一万多只果子狸被宰杀，一时间，人类闻“狸”色变。果子狸乖巧可爱，驯化过的果子狸就像只大猫咪，它还跟猫咪一样胆子小、会卖萌。如果不是因为那一场“非典”，假以时日，果子狸没准也会成为一代“网红”。可惜，历史不可能假设。

花面狸标本（汪钧 摄）

巧得很，中华菊头蝠的生活习惯和果子狸差不多，都是昼伏夜出，也喜欢啃果子。不过，它们不属于同一条食物链，大概率也只算是点头之交。中华菊头蝠和果子狸不一样，如果说果子狸在温柔地“夹缝求生”，蝙蝠则是强大的“进化之王”。复杂的生存环境和进化规律，让它成为一个活蹦乱跳的病毒库。资料显示，在蝙蝠身上已经发现了500多种冠状病毒，蝙蝠是冠状病毒的天然宿主。中华菊头蝠很活泼，自己带病而不发病，又长着翅膀到处飞，喜欢“找邻居串门”。偶然中的必然，隔壁无辜的果子狸成为冠状病毒的下一个宿主。也许曾经在同一棵树上啃果子，也许是某天晚上不小心被蝙蝠挠破了头，反正，果子狸稀里糊涂变成了病毒的中间宿主。病毒在果子狸体内也许产生了新的变异，也许拥有了更“强大”的能力，总之，变异后的病毒在默默等待一个节点，将黑手伸向人类。“君子无罪，怀璧其罪”，果子狸恰巧拥有一身好肉，被人类给盯上了。所谓“你我本无缘，全因我嘴馋”，当来自五湖四海的果子狸齐聚菜市场，接下来的故事大家就都知道了。

果子狸虽说替蝙蝠担了个恶名，但不可否认，它无意中扮演了病毒“帮凶”的角色。随着2003年的远去，果子狸也好，蝙蝠也好，都慢慢被人们淡忘，直到2019年年末，一场新的浩劫来袭，在名为SARS-CoV-2的新冠病毒面前，人们才后知后觉地想起，很久以前，生活中曾经出现过的那个小小的身影。千余年来仿佛处于平行空间的果子狸、蝙蝠和人类，在某一个节点产生了时空交叉，人类的无形之手就此打开“潘多拉的魔盒”。果子狸和蝙蝠或许是病毒的源头，但真正让病毒脱离管束、为祸人间的其实还是人类。人类打破自然平衡，自然还之以颜色，宛如看不见的自然法则。我们能做的，就是敬畏自然，不吃野味，让果子狸和蝙蝠在属于它们的天地里自由生长。

传闻花面狸吃幼崽，这是真的吗？

花面狸母体在受到外界惊吓时，会出现过激反应而咬死幼仔或者吃掉幼仔。在它产仔期间生人最好不要靠近，需要给它一个安静的环境，如果它闻到有不熟悉的气味或听到大的动静都会有过激反应。这种“杀婴”的现象并不罕见，在熊科动物、犬科动物或猫科动物中时有发生。

第八节 鼬科之狼——黄喉貂

黄喉貂为国家Ⅱ级重点保护野生动物。黄喉貂体长56～65厘米，尾长38～43厘米，体重2～3千克。耳部短而圆，尾毛不蓬松。体形柔软而细长，呈圆筒状。头较为尖细，略呈三角形；圆耳朵；腿较短，四肢虽然短小，却强健有力。前后肢各有5个趾，趾爪粗壮弯曲而尖利。身体的毛色比较鲜艳，头及颈背部、身体的后部、四肢及尾巴均为暗棕色至黑色，喉胸部毛色鲜黄，腰部呈黄褐色，其上缘还有一条明显的黑线，因此得名。腹部呈灰褐色，尾巴为黑色，皮毛柔软而紧密。

黄喉貂对环境的适应能力很强，多活动于森林中。其行动快速敏捷，尤其是在追赶猎物时更加迅猛，在跑动中还能进行大距离的跳跃。它还具有很高的爬树本领。常在白天活动，行动小心隐蔽。当在林中巡游时，如闻异声，必先止步，窥听响动，有时还静伏树枝间，观察地面的动静，如系可捕的猎物，则跳下扑杀之。黄喉貂是典型的食肉兽，从昆虫到鱼类、小型鸟兽都在它的捕食之列。它还捕食大型的野鸡类，如环颈雉、勺鸡、白鹇等，还可合群捕杀大型兽类，如小麂、林麝、斑羚，甚至小野猪。除动物性食物外，它也采食一些野果、浆果。当食物缺乏时它也吃动物的尸体，偶尔潜入村庄偷吃家禽。

黄喉貂六七月份发情。妊娠期9～10个月。次年5月份产仔，每胎2～4仔，寿命可达14年。由于它的分布区范围较大，所以繁殖的时间也可能不一致，在中国南方一般在春季繁殖，雌兽产仔于树洞中。

黄喉貂

黄喉貂栖息地海拔高度为3000米以下。活动于常绿阔叶林、针阔叶混交林区、大面积的丘陵或山地森林中，不受林型的影响，从中国东北小兴安岭的红松林、秦岭山地的针阔叶混交林，到云南西双版纳的季雨林，乃至台湾、海南的高山森林，都有它的踪迹。

黄喉貂是陆生鼬科中唯一群居的种类，每次出动都是“成双成对”，有时还会带上幼崽组成十几只的群体。黄喉貂比较奸诈，一只黄喉貂打不过猎物时，它会呼唤同伴组团围攻。网上有个视频显示，一只黄喉貂想对恒河猴下手，但是看着对方体形比自己大，于是发出独特叫声呼唤自己的同伴，从容、淡定地组团群殴恒河猴。成年后的大熊猫几乎没有天敌，但是在2014年却发生过野生大熊猫被黄喉貂攻击导致重伤的例子。当时在唐家河国家级自然保护区白熊坪保护站附近，工作人员发现一只受重伤的野生大熊猫，其腹部受伤，伴有部分肠管外露，初步分析是遭到多只黄喉貂攻击所致。

行走中的黄喉貂（黄山森林生态系统国家定位观测研究站 供图）

黄鼠狼和黄喉貂谁更会“偷鸡”？

研究人员曾对全国各地的近千只黄鼠狼进行抽样检测，发现仅有少数黄鼠狼吃过鸡。只有在没有老鼠、蟾蜍的极端情况下，黄鼠狼才会吃鸡。不过，有种和黄鼠狼相似的动物更加爱好吃鸡，那就是黄喉貂。黄喉貂体形虽小，却“十八般武艺样样精通”，它行动快速敏捷，尤其是在追赶猎物时更为迅猛，在跑动中还能进行大距离跳跃。它具有很高的爬树本领，一些大型的野鸡类，如血雉、四川雉鹑、环颈雉、勺鸡、白鹇等均在它的菜单之上。

第九节　奔跑高手——黄麂

黄麂为国家Ⅱ级重点保护野生动物。黄麂为中小型鹿类，最大体重不超过 35 千克。雄兽有角；雌兽无角，只在相应部位微有突起。麂角的角基颇长，外有毛皮包裹。角尖向内向下弯曲，基本不分叉。有额腺以及眶下腺，但没有附跖腺。头部被毛短而细，泪窝颇大，额骨两侧缘隆起成骨脊，向后延伸至角基部。雄兽上颌犬齿呈獠牙状。

黄麂主要分布于热带雨林、季雨林、亚热带常绿阔叶林、针阔混交林和高山湿性暗针叶林。主要为夜行性，喜在林缘草坡处啃食青草，亦在疏林中食鲜枝嫩叶。

黄麂

拉丁名：*Muntiacus muntjak*；

英文名：Barking deer；

鹿科、麂属；

民间称谓：麂子、黄猄。

黄麂（黄山风景区管理委员会 供图）

黄麂下山（黄山森林生态系统国家定位观测研究站 供图）

雪中黄麂（黄山森林生态系统国家定位观测研究站 供图）

黄麂

黄麂可全年繁殖，产后还可受孕，通常孕期 5～6 个月，每年 1 胎，每胎 3～5 仔。黄麂主要栖息在山地、丘陵地区灌丛和低海拔阔叶林中，草丛也是它常活动的场所，在山寨村旁、田园房角亦可发现其行踪。喜独居或雌雄同栖。昼夜活动，也常到村旁地角盗食蔬菜或其他农作物。

在农村有很多关于黄麂的俗语，比如说“麂子进门，家里死人”，这让很多人有些害怕。一般来讲，麂子是非常机警的，很难被人类猎捕到。但非常奇怪，有时候它会变得很迟钝，甚至有人在野外徒手抓捕到过它。更有甚者，它会神不知鬼不觉地跑到居民家中。不过，“麂子进门，家里死人”的说法却不可信。

黄麂标本（汪钧 摄）

第十节 黄山精灵——黄山短尾猴

黄山短尾猴为国家Ⅱ级重点保护野生动物。短尾猴四肢粗壮，体态高大，肌肉丰满，两眼炯炯有神。成年猴一般体重 15 千克左右，最大者达 34 千克。它们蓄着山羊胡，长眉短尾，面大腮圆，身披深褐色长毛，色彩纯正。又因其尾巴长不过 6 厘米，好像被人用刀砍断了似的，故又名短尾猴、断尾猴。

短尾猴

拉丁名：*Macaca thibetana huangshanensis*；

英文名：Stumpy-tail macaque；

猕猴亚科、猕猴属；

民间称谓：红面猴。

黄山短尾猴除采食或嬉戏追逐时上树外，大部分时间都在地面活动。受惊时，迅速结队从地面逃跑，但逃距不远。黄山短尾猴栖息于黄山密林之中，经常成群活动在峰林峡谷之间，攀峰登崖，如履平地，来时浩浩荡荡，漫山遍野，去时无影无踪，不知所向，被人们称为黄山上的精灵。喜群居，每群个体30～80只不等，成年猴不甚活泼，饱食后常将颊囊中贮存的食物返回口中慢慢咀嚼，或互相理毛，冬天喜欢依偎在石壁上晒太阳。幼猴十分爱动，攀抓树枝，互相打闹，几无休止，常见四五只幼猴吊成一串，然后再由下而上翻回横枝。猴群在一处活动几天后，便在巢区内漫游，迁移时幼猴吊在母猴腹下，响声小，速度快，日活动距离为1～2千米，在一处滞留1～5天不等。其食物主要为植物的鲜枝嫩叶、花芽、野果、竹笋、竹叶以及小型动物。

短尾猴（黄山风景区管理委员会 供图）

黄山短尾猴寿命大约为20年。每年7月至翌年2月为交配期，交配高峰集中在8—11月份，怀孕期为6个月，产仔期在1—4月份，以4月份居多，具有明显的季节性，产仔方式为产仔节律型。雌猴性成熟年龄为5～6岁，可连续2～3年产仔，每胎产1仔。7～12岁为雌猴的最佳生育年龄。幼猴在出生半年后逐渐离开母猴独立活动。

雨中的短尾猴（黄山风景区管理委员会 供图）

黄山短尾猴栖息于原始阔叶林、针阔混交林、竹林、落叶阔叶林以及中山针阔混交林地带。栖息高度在600～1600米处，主要利用常绿阔叶林带和常绿与落叶混交林带这两个林带。在其栖息地中有山溪水源和悬崖陡壁，供猴群喝水和夜间睡眠。栖息林带的植被以山毛榉科植物为主，其果实和叶是短尾猴的主要食物，特别是果实，在秋季和大部分冬季被广泛食用。

雪后沐浴阳光的短尾猴（黄山风景区管理委员会 供图）

黄山短尾猴因高度群居而成为调和关系的高手，它们会主动化解冲突。想要和解的一方会主动把孩子带到对方面前，幼猴成为传递感情的桥梁。两只猴把小猴子仰面抬起，用类似的“架桥”行为表达友爱和亲密。短尾猴迁移时成年雄性在队伍后面压阵，绅士风度十足。有些年岁大的短尾猴和人类一样也会顶发脱落，可算“聪明绝顶”了。

在现实生活中，每个猴群都有猴王。猴王是从众多优秀的雄猴中“竞选”而来。因此，猴王的尾巴往往翘得老高，以显示它尊贵的身份，而其他猴子则是不敢随便翘尾巴的。猴王每 4 年“换届”一次，可以连任。猴子的王位，是强者之间通过激烈的拼搏、打斗而产生的。当每届猴王任期快满时，那些觉得有竞争实力的雄猴便跃跃欲试，当着猴王的面翘尾巴，向猴王挑战，随之与猴王厮打，若打败猴王，再与其他挑战者比拼，经过一番你死我活的战斗，最后的获胜者便是新一届猴王。那些败下阵来的猴子，一个个鲜血淋淋，残肢瘸腿。被赶下台的猴王，往往会被驱逐出猴群，成为一只孤猴而四处流浪，由此可见猴王竞争的残酷。猴子们之所以拼命争夺王位，是因为猴王在猴群中享有特权。猴王在位期间很威风，众猴必须听命于猴王，不得违抗，有好吃的东西总要让猴王先吃。猴王不仅多吃多占，而且享有“一夫多妻”的特权，大多成年的母猴都是它的“王妃”，所以猴王都是“三宫六院，妻妾成群”。

黄山猴谷也称黄山浮溪猴谷、野生猴谷，坐落于风景区西南部，为三十六巨峰之云门、桃花、浮丘三峰夹抱形成的峡谷。谷中生活着中国特有的国家Ⅱ级保护动物——黄山短尾猴，野生猴谷由此得名，享有黄山天然动物园之誉。这里珍禽异兽繁多，植被物种丰富，故又被称为华东地区物种基因库。联合国教科文组织的工作人员曾先后两次来猴谷考察和采集资料。野生猴谷已成为中、日、美三国科学家联合研究短尾猴的基地，日本 NHK 及 TBS 电视台曾专门来此拍摄《动物世界》专题片。野生猴谷的建立也是黄山对生物多样性保护的一项大胆的尝试，野生猴谷主要用于对国家Ⅱ级保护动物黄山短尾猴进行科学驯化、保护和研究。

黄山猴谷也彰示着黄山风景区保护生物多样性、维持可持续发展的决心，对于急需保护的关键性物种，以及对维持黄山风景区景观稳定性具有重要作用的物种，在新工程的建设以及旅游资源的开发过程中，黄山风景区会采取优先保护的措施，禁止一切人为活动对这些关键动植物物种以及景观单元造成干扰，维持自然生态系统的正常演替。为减少旅游活动对生态环境的不利影响，促进生物多样性的自我修复和保护，不以牺牲环境为代价“超载”发展旅游，黄山风景区每隔3～5年轮流封闭部分热点园区，并在每年的动物繁殖期、迁徙期等敏感时期停止开展生态游览活动，以减少游客对动物繁衍的干扰，确保种群数量的稳定。近年来，黄山可持续发展模式——生物与地质多样性保护加强，文化与文明多样性交流频繁，公众教育与游览体验度提升，公平受益与社区幸福度增强，先后得到联合国世界旅游组织、联合国教科文组织的认可和宣传推广，黄山先后入选全球最佳管理“绿色名录”保护地、全球百佳可持续目的地，参与《全球可持续旅游目的地准则》等标准制定，获得了国际话语权。

在中国第一部诗歌总集《诗经》里，就有涉及猴的诗句：“毋教猱升木，如涂涂附。君子有徽猷，小人与属。”（《小雅·角弓》）这四句诗，翻译成现代汉语就是：“不要教猴子爬树，像用泥来涂附。君子有美德，小人要来依附。”魏武帝曹操有“沐猴而冠带，知小而谋强”（《薤露行》）的诗，前一句直接引用成语“沐猴而冠”。“建安七子”之一的王粲，有“流波激清响，猴猿临岸吟”（《七哀诗三首》其二）的诗句，写“猴猿临岸吟”，以水声加以衬托，隐含一个“哀”字，令人如闻其声。宋代及以后，颇具特色的“猴诗”有南宋著名诗人杨万里的“疗饥摘山果，击磬烦岭猿”（《清远峡四首》其四），“入山无路出无门，鸟语猿声更断魂”（《过五里迳三首》其三）；元代诗人陈孚的“野猿忽跃去，滴下露千点”（《飞来峰》）；等等。

第十一节　似鼠非鼠——黄山小麝鼩（qú）

黄山小麝鼩属哺乳纲、劳亚食虫目的鼩鼱科。头很小，鼻长且尖，灰色的皮毛，短短的耳朵，耳壳有明显的底毛，须长至耳底；皮毛灰褐色，背部稍黑；四肢纤细，前后足具五趾，脚上有小而多肉的隆突，趾背、趾底粉红色，半裸，脚踝具稀疏的棕色毛；尾长约占头体长的76%，颜色与身体皮毛相似，几乎裸露，具极少量长刚毛。体长6～8厘米，尾长3～5厘米，体形瘦小。它与老鼠的区别突出表现在嘴巴上，老鼠有上下各两颗大牙齿，黄山小麝鼩没有。

相关链接

黄山小麝鼩

拉丁名：*Crocidura huangshanensis*；

英文名：Huangshan white-toothed shrew；

鼩鼱科、麝鼩属；

民间称谓：尖嘴鼠。

黄山小麝鼩

小麝鼩性贪食，主要以土壤中的昆虫为食，也吃一些植物的花、果实和种子等。为了保持体温，尤其是隆冬时节，小麝鼩不得不不停进食，一昼夜吞进相当于自身体重 1.5 倍，甚至 2～3 倍的食物。小麝鼩散发出的体味非常难闻，这令“敌人”作呕的气味能挽救它们的性命。

小麝鼩每年繁殖 1 次，4—5 月份交配，7—8 月份产仔，每胎 5～8 仔，寿命大约 1.5 年。小麝鼩的幼崽期极短，出生一个月后它们就可以独立生活了。在未成年前，小麝鼩幼崽寸步不离母亲，不敢独自行动，即使近距离地面迁移，也要靠母亲亲自带队。如果转移途中有幼崽不小心掉队，它即刻会发出吱吱的尖叫声通知母亲，母亲便会循声而去找到它，再带着它归队。

黄山小麝鼩栖息于森林、平原、丘陵和山地，多见于农田、菜地、灌草丛、林缘及湖边等处。

黄山小麝鼩是 2019 年在黄山新发现的物种，它刚被人发现的时候真的被当成了一只老鼠，但它并不是老鼠，只是二者长得有点形似罢了。麝鼩是食虫目的一员，是属于最早一批有胎盘类的哺乳动物，可能是哺乳动物的老祖宗。这个新发现物种的历史甚至可以追溯到白垩纪恐龙生活的那个时代。麝鼩是吃虫的动物，对于农业来说是有益的，不过也不能够掉以轻心，毕竟它们和老鼠一样可能携带一些病毒。

相关链接

小麝鼩和小老鼠到底有何区别？

麝鼩是食虫目的一员，而老鼠则属于啮齿目，它们只是外形类似。仔细观察麝鼩，会发现它们的嘴和老鼠完全不一样：老鼠为了啃食一些东西，长出了上下各一对门牙；但是麝鼩并没有，它的嘴部比较细尖。麝鼩很可能从白垩纪恐龙时代开始便是那么小巧，或许正是因为太小才没有被恐龙发现，甚至“熬”死了恐龙。其实它们的自保能力并不差，麝鼩唾液腺中含有麻醉剂，能够将俘获的猎物进行麻醉。不过相比恐龙，人类对它们的威胁更大，因为它们长得很像老鼠，经常被当作老鼠捕杀，导致它们越来越稀少。

第十二节　盲鼠不盲——黄山猪尾鼠

黄山猪尾鼠的大小和体貌类似于老鼠，外形和大小像小家鼠，但尾很长，它经常被不认识的人误认作老鼠。它的眼睛更小，皮毛是灰棕色或灰蓝色的，浓密而柔软，体毛厚，呈绒状。头顶、背面及四肢背面均为灰褐色，腹面从下颏至肛门为浅灰色，单毛基部为黑灰色。尾前段被毛稀疏，表面覆鳞片，尾毛暗褐色，尾末端具长的毛笔状簇毛，簇毛毛尖白色。因为眼睛太小，视力也很差，又被称作“盲鼠”。它们的尾巴很长，比躯干都要长，末端的毛发很长，与猪的尾巴非常相似。

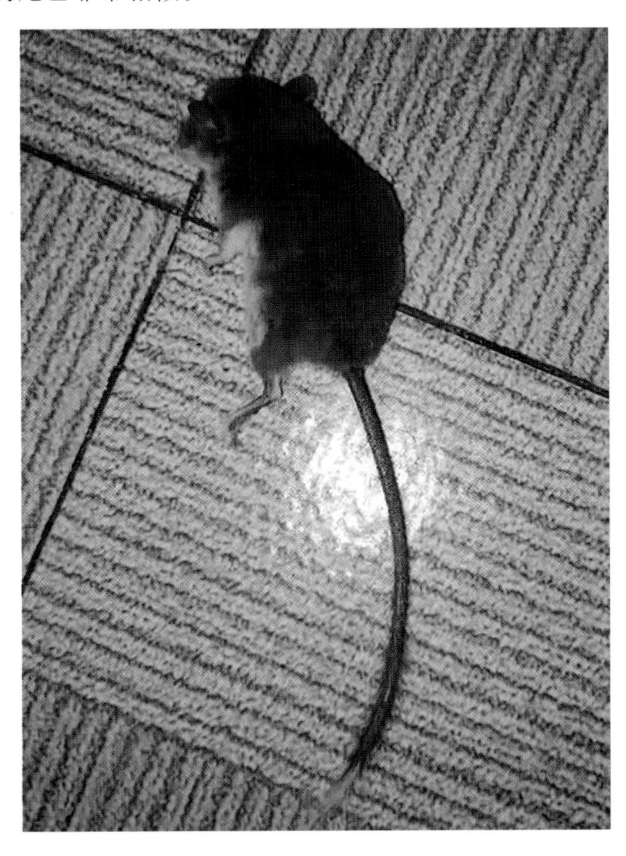

黄山猪尾鼠（虞磊 摄）

猪尾鼠像老鼠一样生活在洞穴中，主要采集植物的叶子、茎和果实为食，它们也吃小昆虫，食性和鼹鼠类似。科学研究人员发现，与其他地区的猪尾鼠相比，安徽清凉峰的猪尾鼠具有明显的差异，它们的模样和肢体特征存在很大差异，据此可基本确定它们是猪尾鼠的一个亚种。

黄山猪尾鼠

拉丁名：*Typhlomys cinereus huangshanensis*；

英文名：Chapa pygmy dormouse

刺山鼠科、猪尾鼠属

民间称谓：盲鼠、鼠头猪尾。

黄山猪尾鼠雌雄异体，体内受精，胎生，每胎产 3～8 仔。它们一般生活在高山地森林和接近原生林的干扰林中，很少会出现在次生林中。

黄山猪尾鼠是 1984 年 3 月研究人员在黄山地区发现的小型哺乳动物，当时并未命名，这类小型啮齿动物很少见，大多数人都不熟悉这种小动物，但它不是濒临灭绝的物种，其种群数目还是非常可观的。

猪尾鼠的视力慢慢退化，进化出另一种“夜视”本领——回声定位。猪尾鼠会通过口腔或鼻腔把喉部产生的超声波发出去，利用折回来的声音来定向辅助其活动。

第十三节　森林杀手——金猫

金猫为国家Ⅰ级重点保护野生动物。金猫体重 10～15 千克，体长 78～100 厘米，尾长 48 厘米。体毛呈黄色，背脊呈棕黑色。眼角前内侧各有一条白纹，长约 20 毫米，其

金猫

拉丁名：*Felis temmincki*；

英文名：Asiatic Golden Cat；

猫科、金猫属；

民间称谓：原猫、红春豹、芝麻豹、狸豹。

后为一棕黄色宽纹，一直向后伸展至枕部，其两侧有黑纹。眼下有一白纹，延伸至耳基下部，其上、下缘均具明显黑线。耳背呈黑色，耳基具灰色毛。喉和前胸部有淡黑色横纹或花斑点。头部花纹衡定，但毛色变异很大，有些个体的背毛黑棕，且具美丽而不规则的花纹。

金猫除在繁殖期成对活动外，一般独居，夜行性，以晨昏活动较多，白天栖于树上洞穴内，行动敏捷，善于攀爬，在地面行动时活动区域较固定，随季节变化而垂直迁移。食物种类主要是啮齿类动物，亦包括鸟类、幼兔和家鸡，以及麂和麝等小型鹿类。可攻击幼小的水牛，因其锋利的犬齿尚不够粗强有力，不易穿透老牛颈部的皮肉。

金猫（黄山风景区管理委员会 供图）

金猫全年可繁殖。雌性金猫发情持续 6 天，每 39 天重复一次。妊娠持续 81 天。雌性每窝产 1～3 个幼仔，幼仔出生时平均体重 250 克。在野外，有些雌性金猫被观察到在空心树下分娩。幼仔在 6 个月时断奶，尽管在短短的 9 个月内就可以独立，但平均 12 个月才能独立生活。雌性需要一年半达到性成熟，雄性需要两年达到性成熟。金猫没有固定的繁殖季节，但在 4—6 月份不会分娩。

金猫栖息于热带和亚热带的湿润常绿阔叶林、混合常绿山地林和干燥落叶林当中。它们也会生活在灌丛、草原和开阔多岩的地区，根据已有的记录，金猫曾出现在不丹境内一处遍布矮杜鹃和草甸的高海拔地区。

金猫听觉很好，在猫类中外耳活动最为灵活，可以收听到来自四面八方的微小声音。它性情凶猛，故有“黄虎”之称。金猫即传说中的“彪”，是极凶猛的动物。

相关链接

远去的金猫，请你不要走

每年的3月3日是世界野生动植物日，每年一个主题。2018年的主题是“保护虎豹，你我同行”，倡议保护虎、豹等大型猫科动物，殊不知被严重忽视的小型猫科动物——金猫也急需保护。我们对金猫在野外的情况知之甚少，很多知识都是从动物园人工饲养的金猫身上了解的，即便在动物园工作人员的精心养护下，金猫的数量也在逐渐减少。金猫是独居动物且生性谨慎，它们的活动范围从曾经成片分布到后来成块分布，这意味着它们的生活范围缩小了。杭州动物园一只17岁的华南金猫应该是全世界动物园内的最后一只华南亚种雄性个体，却最终也没能留下一儿半女。狮、虎、豹等各种“大猫”已经受到人类关注并逐渐获得保护，而与之对比，很多“小猫”却被我们疏忽，还没来得及去接近和了解它们，它们就已经逐渐离我们远去。

第十四节 铁蹄银鬃的天马——鬣（liè）羚

鬣羚为国家Ⅱ级重点保护野生动物。鬣羚体重约100千克，体长1.4～1.7米。全身被毛以黑褐色为主，稀疏而粗硬，杂以灰褐色，毛干基部黑，末端色浅，颈部有白色长毛，四肢由赤褐色向下转为黄褐色。四肢粗壮，强健有力，蹄短而坚实，善于在险峻的乱石崖间跃奔，以杂草和灌丛枝叶等为食，偶尔下到山脚农田盗食麦苗。其性极烈，捕获后不易饲养成活。

鬣羚标本（汪钧 摄）

鬣羚性情比较孤独，除了雄兽单独活动以外，雌兽和幼仔仅结成4～5只的小群，从不见较大的群体。在受到惊扰时，它能够迅速奔跑，跳过乱石，攀登到悬崖峭壁之上躲避敌害，逃脱之后便不会再返回。在被逼得无路可逃的时候，就用两只后蹄支起身体，直立起来，腾起两只前蹄拼命地往岩石上敲击，发出“嘎嘎”的脆响，或者像擂鼓一样“咚咚”地敲打肚皮，声音响彻山谷，借以威吓敌害。如果这一招不灵，它也会奋起自卫，勇猛地用角进行反扑，攻击对手。成年的雄兽性情较为凶猛，体强力壮，常常能冲出天敌的包围，或战胜体形不算太大的对手，将其顶到悬崖之下。

相关链接

鬣羚

拉丁名：*Capricornis sumatraensis*；

英文名：Mainland serow；

牛科、鬣羚属；

民间称谓：明鬃羊、苏门羚、野牛、岩驴、马牛羊、四不像。

鬣羚每年繁殖一次，在9—10月份发情交配，求偶时雄兽之间也有激烈的恶斗，获胜的一方才能与雌兽交配，败者有时甚至会被顶死。雌兽的怀孕期约为8个月，幼仔多半于翌年5月下旬至6月初出生，每胎产1～2仔，幼仔出生后毛一干便能直立、吃草，几小时后便可随雌兽一起活动。幼仔2～3岁时性成熟，但2岁时仍然跟随母兽一起生活，3岁才开始独立活动。寿命约15年。

鬣羚栖息于海拔1000～4400米的针阔混交林、针叶林或多岩石的杂灌林中，偶尔也到草原活动，生活环境有两个突出特点：一是树林、竹林或茂密灌丛，二是地势非常险峻的高山岩崖。夏季喜在大树下、灌丛中及巨岩间等僻静之处休息，冬季常到岩洞中避风、过夜。有较为固定的往来觅食的小路、休息场所及排粪地点。

在林子里，鬣羚的粪便特别容易被发现：鬣羚粪便的颗粒比较大，看上去颇符合牛科大牲口的特点。灰色的大颗粒粪便，一拉就是一大堆，而且会反复拉在一个地方，一些崖壁或大石头边上常会有鬣羚的大粪坑。事实上，鬣羚看上去也很粗犷：头大体短脖子粗，四条腿又粗又长。民间传说神兽麒麟的原型就是鬣羚，过去人们根据颜色分别称它们为“黑麒麟”“紫麒麟”“火麒麟”。

古代黄山一带素有“天马飞腾”之说。《黄山志》记载，“天马，常飞腾天都莲花诸峰”“银鬃金毛，四足皆捧以祥云，须臾跃过数十峰”。据考证，天马即鬣羚。由于它能在陡壁上蹿跳，动作轻巧，行动敏捷，再加上云雾弥漫，增添了脚踏祥云、飞越深渊的神秘色彩，故称“天马”。

第十五节　长寿的仙兽——梅花鹿

梅花鹿为国家Ⅰ级重点保护野生动物。梅花鹿是一种中小型鹿，体长125～145厘米，尾长12～13厘米，肩高70～95厘米，体重70～100千克。毛色夏季为栗红色，有许多白斑，状似梅花；冬季为烟褐色，白斑不显著。颈部有鬣毛。雄性角长30～66厘米。

梅花鹿晨昏活动，性情机警，行动敏捷，听觉、嗅觉均很发达，视觉稍弱，胆小易惊。由于四肢细长，蹄窄而尖，故而奔跑迅速，跳跃能力很强，尤其擅长攀登陡坡。梅花鹿群居性不是很强，成年雄性往往独自生活，夏季和冬季会进行短距离的迁移，有一定的领地意识，特别是在繁殖季节。发生争端时，常以鹿角和蹄子作为主要武器。

梅花鹿

拉丁名：*Cervus Nippon*；

英文名：Sika deer；

真鹿亚科、鹿属；

民间称谓：花鹿。

成年梅花鹿一年繁殖一次，每年9—10月份，雄性梅花鹿会与多只雌鹿进行交配。雌鹿孕期大约为30周，次年5月至6月份产仔，每胎有一只小鹿，极少有产两仔的情况。小鹿出生时体重4.5～7千克，生长迅速，夏末断奶，长到10～12个月即可独立，16～18个月达到性成熟。

梅花鹿生活于森林边缘和山地草原地区，生活区域随着季节的变化而改变。春季多在半阴坡，采食栎、板栗、胡枝子、野山楂、地榆等乔木、灌木的嫩枝叶和刚刚萌发的草本植物。夏秋季迁到阴坡的林缘地带，主要采食藤本和草本植物，如葛藤、何首乌、明党参、草莓等。冬季则喜欢在温暖的阳坡，采食成熟的果实、种子以及各种苔藓地衣类植物，间或到山下采食油菜、小麦等农作物，还常到盐碱地舔食盐碱。白天多选择向阳山坡茅草深密、环境颜色与其体色相似的地方栖息，夜间则栖息于山坡的中部或中上部，坡向不定，但仍以向阳的山坡为多，栖息的地方茅草则相对低矮稀少。梅花鹿的栖息地范围很广，包括阔叶林、沼泽、盐沼和海岛。

梅花鹿（黄山风景区管理委员会 供图）

梅花鹿群（黄山风景区管理委员会 供图）

传说天宫里有一对神鹿，它们因为做了天宫里禁忌的事情，母鹿不小心怀孕，王母娘娘怜悯它们，就偷偷放它们入凡间，防止玉帝把它们杀死。玉帝诅咒公鹿，让它的头上长出犄角，想让它变得非常难看，可谁知长出鹿角的公鹿反而更漂亮，母鹿越看越喜欢，还为犄角取了个名字叫“鹿茸”。后来母鹿因思念天宫，思念王母娘娘，变得日渐消瘦起来。公鹿在情急之下将自己的鹿茸撞断泡于水中，每日让母鹿饮用。后来玉帝和王母娘娘知道了，非常感动，就让两只神鹿身上披上一朵朵的梅花，也就是现在的梅花鹿。

“鹿”字与三吉星“福、禄、寿”中的“禄”字同音，因此常被用于设计图案中，以表示长寿和繁荣昌盛，象征着富裕。一百头鹿在一起，称“百禄”，鹿和蝙蝠在一起，表示“福禄双全”。传说中鹿常与寿星为伴，表示长寿，故鹿乃长寿之仙兽。神话传说中说鹿是天上瑶光星散开时生成的瑞兽，常与神仙、仙鹤、灵芝、松柏神树在一起，出没于仙山之间，保护仙草灵芝，向人间布福增寿，送人安康，为人预兆祥瑞。又说千年的鹿叫苍鹿，两千年的鹿叫玄鹿，老寿星南极仙翁就选择鹿当他的坐骑。鹿的出现还是国家繁荣昌盛的象征。

相关链接

有梅花斑的都是梅花鹿吗？

并不全是。黇（tiān）鹿身上也有白斑，经常被错认成梅花鹿。二者比较明显的区别是黇鹿尾巴较长，臀部两侧各有一条黑纹，形状类似括号，与黑色的尾巴一起组成“m”形；梅花鹿的尾巴稍短。

第十六节　小夜游神——小灵猫

小灵猫为国家Ⅰ级重点保护野生动物。小灵猫体长 48～58 厘米，尾长 33～41 厘米，体重 2～4 千克；全身灰黄或浅棕色，背部有棕褐色条纹，体侧有黑褐色斑点，颈部有黑褐色横行斑纹，尾部有黑棕相间的环纹。

小灵猫为独居夜行性动物，昼伏夜出，活动时间主要集中在每天的 15 时至 22 时。小灵猫性格机敏而胆小，行动灵活，会游泳，善于攀缘，能爬到树上捕食小鸟、松鼠或采摘果实。

小灵猫

拉丁名：*Viverricula indica*；

英文名：Small Indian Civet；

灵猫科、小灵猫属；

民间称谓：七间狸、乌脚狸、箭猫、笔猫、斑灵猫、香狸。

小灵猫食性较杂，以动物性食物为主，以植物性食物为辅。动物性食物如老鼠、小鸟、蛇、蛙、小鱼、虾、蟹、蜈蚣、蚱蜢、蝗虫等，植物性食物如野果、树根、种子等。小灵猫的活动范围与其食性和季节的变化有关：秋季的小灵猫常常在树林中活动，采食野果；冬季多在田边、林缘灌丛觅食小动物；夏季则多在小溪边、水塘边及翻耕的田间活动觅食。

小灵猫（黄山风景区管理委员会 供图）

小灵猫长到 2 岁，体重 2 千克以上时，可达到性成熟，即有发情表现，可以进行交配。小灵猫发情时会发出“咯咯咯”的求偶叫声，十分明显，发情的母灵猫外生殖器有不同程度的充血、肿胀现象。小灵猫交配时间短促，并多在夜间进行。小灵猫的繁殖期分为春、秋两季，以春季为主，一般集中在 2—4 月份，少数可延迟到 5 月份；而秋季仅在 8 月份，为期较短，繁殖得少。小灵猫的妊娠期一般为 69～116 天，平均 90 天。产仔期多集中在 5—6 月份，一般在夜间或凌晨产仔，每胎产仔 2～5 只，一般为 3 只。

小灵猫喜欢幽静、阴暗、干燥、清洁的环境，比大灵猫更加适应凉爽的气候。多栖息在热带、亚热带低海拔地区，如低山森林、阔叶林的灌木层、树洞、石洞、墓室中。

小灵猫标本（汪钧 摄）

小灵猫针毛挺拔、富有弹性，是制作书画笔尖的上等原料，因而有“笔猫”之别称。与大灵猫类似，小灵猫香囊腺分泌出来的膏脂，乍闻起来奇臭无比，但若进行万分之一的稀释，便可制成芬芳浓郁的香水，是名贵的香料添加剂。灵猫香还与麝香相似，具有疏经通络、开窍解谵、活血化瘀等功效，是贵重药材。小灵猫有擦香的习性，外出活动时，常将香囊中的分泌物涂擦在树干、石壁等突出的物体上。野生灵猫擦香主要是为了标记自己的领地和引诱异性灵猫。

灵猫香是香水界的“四大天王”之一。香水界的“四大天王”分别是麝香、灵猫香、河狸香、龙涎香，这四种香料分别来自雄性麝鹿、灵猫科动物、海狸以及抹香鲸。

第十七节　“獐”头鼠目——獐

獐为国家Ⅱ级重点保护野生动物。獐是一种小型的鹿，比麝略大，体长91～103厘米，尾长6～7厘米，体重14～17千克。两性都无角，雄獐上犬齿发达，突出口外成獠牙。

獐不结大群，多数成双活动，最多三五成群。行动时常为蹿跳式，动作迅速。獐生性胆小，两耳直立，感觉灵敏，善于隐藏，也善游泳，人难以近身。雄性獐是领地性很强的动物，会用尿液和粪便来标记自己的领地。当别的雄性入侵时，

獐

拉丁名：*Hydropotes inermis*；

英文名：Roe Deer；

鹿科、獐属；

民间称谓：獐子、香獐、马獐、土麝、河麂。

如果威胁无效，领地内的雄獐会向对方发起进攻。争斗中双方都会使用自己的獠牙试图刺伤对方的头部、颈部或者背部，打斗通常在其中一方低头认输或者逃跑的情况下结束。雌性獐在繁殖季节以外不具有很强的领地性，但是在幼獐出生前后的这段时间会显示出攻击性，把靠近幼獐的其他母獐驱离。

獐

獐喜食植物，以芦苇、杂草及其他植物性食物为食。每年繁殖一次，繁殖期常用眶下腺的分泌物和粪尿等来标记领地。有明显的繁殖季节，但发情期却随着地点和年龄的不同而有差异。獐发情交配多集中在冬季，交配发生在 11 月到翌年的 1 月之间，高峰期在 12 月，孕期 6 个月左右，大多数幼仔出生在 5 月底和 6 月。雄性会跟踪雌性，根据气味判断雌性是否发情。多数交配会发生在雄性的领地内。雌性分娩时通常会单独离开平时活动的区域，选择开阔地带分娩，每胎 2～3 仔。雌獐在野外产下小獐后，会将它们带到植被茂密的区域隐藏起来，幼仔出生后 10 余分钟就能站立，体重为 870 克左右。哺乳期持续数月，因此雌性獐一年中大部分时间都处于繁殖期或哺乳期。而雄性在交配季节之前的几周内，要通过竞争获得交配机会。雄性在 5～6 个月达到性成熟，雌性在 7～8 个月达到性成熟。寿命为 10～12 年。

獐在我国的历史相当悠久，很多典籍里都有记载。《本草纲目》这样描述獐的住所："秋冬居深山，春夏居泽。"北宋著名天文学家、药物学家苏颂曾说："獐，今陂泽浅草中多有之。其类甚多，乃总名也。有有牙者，有无牙者，其牙不能噬啮。"说的是在北宋时期，獐主要分布在湖泽和草地中。獐常栖息于河岸、湖边、湖中心草滩、海滩芦苇或茅草丛生的环境，也生活在低丘和海岛林缘草丛、灌丛处。善游泳，能在岛屿与岛屿或岛屿与沙滩间迁移。辞书之祖《尔雅》中不仅记录了"獐"的大名，而且还按照"牡、牝、子、大者"，即公、母、幼崽、大、小分别提出了獐的不同叫法读音。南朝沈约在其编纂的《宋书・符瑞志》中写道："有银獐白色，云王者刑罚中理则出。"李时珍打趣地讲到了"獐"名的来历："猎人舞采，则獐、麋注视。獐喜文章，故字从章。"由此赋予獐一种"文艺青年"的形象。李时珍对獐的胆小个性也有描述："獐胆白性怯，饮水见影辄奔，《道书》谓獐鹿无魂也。"说的是獐非常胆小，喝水时在水里见到了自己的影子都会当场吓跑。名医陶弘景曾说："俗云白肉是獐。其胆白，易惊怖也。"这是说獐的肉色为白，而胆也是白的，因为胆的颜色太"纯洁"，所以很容易受惊吓。

第十八节　森林中的绅士——中国豪猪

豪猪为国家Ⅲ级重点保护野生动物。豪猪体形粗壮，体长 50～75 厘米，尾长 8～11 厘米，体重 10～18 千克。尾短，短于 11 厘米，体侧和胸部有扁平的棘刺。身体后四分之一和尾上的刺是圆棘刺。

中国豪猪
拉丁名：*Hystrix brachyura hodgsoni*；
英文名：Chinese porcupine；
豪猪科、豪猪属；
民间称谓：豲猪、箭猪、尾铃、旧大陆豪猪。

豪猪为夜行性动物，白天躲在洞内睡觉，晚间出来觅食。行动缓慢，反应较慢，夜出觅食常循一定的路线行走，并连续数晚在同一地点觅食。豪猪在冬季有群居的习性，喜成群结队觅食，易对庄稼造成破坏。豪猪身上的棘刺平时贴附于体表，当遇到敌人或发怒时，会迅速将身上约 1 米长的棘刺直竖起来，肌肉的收缩使身上的硬刺不停地抖动，如同颤动的钢筋，互相碰撞，发出“唰唰”的响声；同时，嘴里也发出“噗噗”的叫声。它以背部和臀部朝向入侵者，使全身的棘刺竖立起来并急骤地颤动，身体倒退着撞击对方。有时，它还能靠肌肉弹动的力量将背部的硬刺一根根地射出来，如同开弓放箭一般，只是这些箭射出后力量很小，没有杀伤力，也许仅仅是吓唬敌人而已。不过，被这些棘刺扎入皮肉会受到严重的伤害。豪猪的棘刺扎进皮肤里很难拔掉，会深深扎进肉里，引起伤口感染，给伤者带来巨大的痛苦，甚至导致死亡。因此大多数食肉动物都深知它的厉害，一般不会招惹它，只有在十分饥饿的情况下，那些无法捕捉行动敏捷动物的衰老或伤残的食肉动物，才不得不向它发动进攻，结果不可避免地被刺得皮肉溃烂或者眼睛失明，甚至丧命。在自然界中，只是偶尔才有经验丰富的豹或猎狗伺机将它踢翻，使其柔软的腹部朝上，才能将其制服。

中国豪猪（黄山风景区管理委员会 供图）

豪猪在秋冬季节发情，春季或初夏产仔。豪猪晚间进行交配，很难观察到一晚交配几次。豪猪怀孕期110天左右，哺乳期50天左右。豪猪8个月即可达性成熟。自然状况下年产仔1～2胎，每胎产仔1～2只；人工养殖通过技术处理，可实现年产仔2胎，每胎产仔2～4只。

豪猪生活在林木茂盛的山区丘陵，在靠近农田的山坡草丛或密林中数量较多。穴居，常以天然石洞为住所，也自行打洞。虽说是自己挖掘修筑，但豪猪主要是扩大和修整穿山甲或白蚁的旧巢穴。其巢穴构造复杂，通常由主巢、副巢、盲洞和几条洞道组成。盲洞的洞道较小，是遇到危险时避难的场所。洞口一般有两个，有时多到4个，开口于外面，必有一个开口于杂草之中，这是遭遇危险时用于逃跑的洞口。这种构造复杂的洞穴，是有效地防御敌害的最好办法。

中国豪猪标本（汪钧 摄）

心理学上有个著名的豪猪理论。在寒冷的冬天，树林里生活着一群豪猪，它们需要在一起取暖，于是互相紧紧地凑在了一起。豪猪们身上都长着又尖又长的刺，当它们这样紧紧靠在一起的时候就会互相刺伤。豪猪们发现这样不行，于是又慢慢地分散开来。可是，渐渐地，它们离得越来越远，每一只豪猪都感到很寒冷。那到底应该怎么办啊？太近了会互相刺伤，太远了又无法取暖，要想既能相互取暖又不伤害伙伴，实属不易。“千淘万漉虽辛苦，吹尽狂沙始到金”，经过多次磨合与试验，豪猪们终于找到了一个极为合适的距离，与伙伴们保持这种距离既可以相互取暖又可以避免互相伤害。相处之道无非在于一个度，不到这个度你就无法取暖，过了这个度你会发现其实在彼此伤害，这就是人际关系中的分寸感。该理论出自德国哲学家叔本华的著名寓言《冬天的豪猪》。

豪猪矮胖的体形、持重的面孔、逍遥的神态、以守为攻的自卫方法和无病呻吟的娱乐形式，就像那些佛系的绅士，所以它们被称为“森林中的绅士”。

第十九节　暴脾气的獾胖子——猪獾

猪獾为安徽省Ⅱ级保护野生动物。猪獾体形粗壮，吻鼻部裸露突出似猪拱嘴，四肢粗短，头大颈粗，耳小眼也小，尾短。整个身体呈现黑白两色混杂，背毛黑褐色，胸、腹部两侧颜色同背色，中间为黑褐色，四肢色同腹色。尾毛长，白色。

猪獾栖息于丘陵、平原、山地等环境中，一般选择天然岩石裂缝、树洞作为栖息位点。猪獾喜欢穴居，在荒丘、路旁、田埂等处挖掘洞穴，也侵占其他兽类的洞穴。洞穴的结构比较简单，洞口一般有1～2个，多设在阳坡山势陡峭或茅草繁密之处。洞内1米深处常为直洞，也有长8～9米的直洞。整个洞穴显得清洁干燥，卧处常铺以干草。猪獾具有夜行性，性情凶猛。当受到敌害时，常将前脚低俯，发出凶残的吼声，吼声似猪，也能挺立前半身，以牙和利爪做猛烈的回击。猪獾能在水中游泳。视觉差，但嗅觉灵敏，找寻食物时常抬头以鼻嗅闻，或以鼻翻掘泥土。猪獾有冬眠习性，通常在10月下旬开始冬眠，冬眠之前大量进食，使体内脂肪增加。入蛰后有时也在中午气温较高时出来晒太阳。次年3月开始出洞活动。猪獾杂食性，主要以蚯蚓、青蛙、蜥蜴、泥鳅、黄鳝、甲壳动物、昆虫、蜈蚣、小鸟和鼠类等动物为食，也吃玉米、小麦、土豆、花生等农作物。

猪獾

猪獾发情、交配于4—9月份，于次年的4—5月份产仔，妊娠期长达10个月，主要因为受精卵有延迟着床的特性。受精卵着床于春季出洞之后，胚胎发育时间一般不超过6周。每胎以产2～4仔者为多，初生仔长10多厘米，哺乳期约为3个月。幼仔2岁达到性成熟。寿命大约为10年。

第二章　两栖动物

生物多样性是人类的共同财富。每年 4 月 8 日是“国际珍稀动物保护日”。每年 5 月 22 日为“国际生物多样性保护日”。近年来黄山生物多样性水平不断降低，不只是哺乳动物，两栖类动物亦是如此。汤口镇位于黄山前山脚下，从 20 世纪 80 年代初开始，很多两栖和爬行类动物物种数量急剧下降，在汤口周边的浮溪、桃花溪和湘溪可以观察到 30 多种；到 90 年代末，每年尚可以观察到 20 多种；然而，进入 21 世纪后，随着旅游业的蓬勃发展，在汤口的几条小溪内，每年所能观察到的两栖爬行类动物不过 10 余种。在 2003 年，黄山汤口镇海拔 400～600 米区域内，调查发现两栖动物仅 17 种，分属 2 目 7 科，占安徽省全部两栖类的 60.71%，其中两种属广布种，其余全部为东洋界种。武夷湍蛙和花臭蛙是该地的优势种，棘胸蛙、三港雨蛙已成为稀有种（连续 3 年未发现），凹耳蛙为黄山特有种（仅发现雄性个体）。资源数量总体呈下降趋势，这几种两栖动物若得不到有效保护，在近年内极有可能从该地消失。汤口两栖动物资源原本相当丰富，在安徽省占有极其重要的地位。但随着黄山旅游业的不断发展，交通、宾馆等基础设施的不断增多，势必对两栖动物的自然栖息地和生活带来不利的影响。越来越多的物种正经历着前所未有的生存压力，原来汤口比较常见的阔褶蛙已从这里消失。凹耳蛙由于分布区狭窄，没有引起广泛的关注，极有可能在对其众多生物学属性尚未摸清之前已灭绝。值得重视的是，凹耳蛙是目前发现的全球唯一具有超声波通信功能的非哺乳类脊椎动物，具有巨大的潜在科研价值。

生物多样性资源保护是可持续发展的重要组成部分。诸如栖息地破坏、外来物种入侵、气候变化、过度开发等因素都会引发生物多样性危机。对生物多样性的正确认知是保护生物多样性的基础，下面请您跟随笔者一观黄山两栖动物的世界吧！

黄山美景（汪钧 摄）

第一节 “超声波”青蛙——凹耳蛙

凹耳蛙（黄山风景区管理委员会 供图）

凹耳蛙

拉丁名：*rana tormotus*；

英文名：Rana cava；

蛙科、蛙属；

民间称谓：超声蛙。

凹耳蛙是我国特有种，雄性体长32～36毫米，雌性体长52～60毫米。背面棕色或土褐色，背部有若干小黑斑，上唇缘有一条醒目黄纹；体侧色较淡，散有小黑点；四肢背面有黑色横纹；腹面淡黄色，咽胸部有棕色碎斑。头扁平，吻棱明显；瞳孔圆形；鼓膜凹陷成一外听道，为我国蛙类中唯一具有此特征者；无颞褶；舌梨形，后端缺刻深。胫跗关节达吻端；跟部重叠较多；指端扩大成小吸盘，外侧三指有横沟；趾蹼发达。背面满布细疣，体侧及下腹部疣大，咽胸部平滑；背侧褶显著。雄蛙第一指有灰白色婚垫，有一对咽侧下外声囊。

凹耳蛙雄蛙在4—6月份发出“吱”的单一鸣声，如钢丝摩擦发出的声音，此期间雌蛙腹部丰满。4—5月份可发现雌雄蛙的抱对行为，雄蛙前肢抱握在雌蛙的腋胸部位，雌蛙可产卵490～863粒。在19～23℃室内饲养条件下，受精卵变态成幼蛙共需60天左右，残留尾长1～2毫米的幼蛙体长12.4～14.5毫米。繁殖期，凹耳蛙白天藏在岩石缝或土洞内，晚上栖息在山溪两旁的灌木或岩石上鸣叫。其拥有以超声与同类呼应的能力，即使栖息在雨季时，水位暴涨、出现巨大水声，也无损于它们的交流。其听力是人类听力极限的六倍；其声音亦能像鸟鸣般变调、多样且不重复，有别于一般只能叫高低音的青蛙。捕食的昆虫多为害虫。

凹耳蛙生活于海拔150～700米的山溪附近。白天隐匿在阴湿的土洞或石

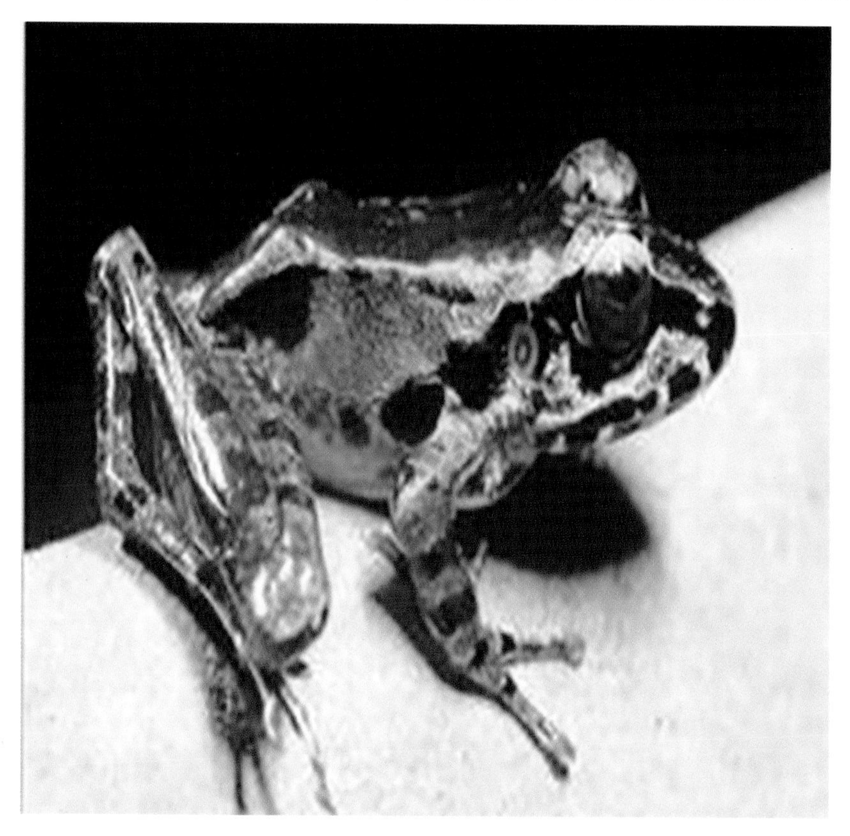

凹耳蛙标本（黄山森林生态系统国家定位观测研究站 供图）

穴内，夜晚栖息在山溪两旁灌木枝叶、草丛的茎秆上或溪边石块上。

凹耳蛙是20世纪70年代中期在黄山桃花溪边被发现的。这种蛙发出的声音很特殊，像鸟鸣般的“叽叽”声，又尖又细，当地人称它们为“水吱”。与其他蛙的鼓膜紧贴在身体表面不同，凹耳蛙的鼓膜深入头腔，具有与鸟类相似的外耳道。目前，已知鼓膜下陷的蛙还有产于婆罗洲的洞蛙。研究发现，将雄凹耳蛙求偶声回放给雌蛙，能够记录到雌蛙对正常范围叫声的反应，包括趋声行为。雌蛙的高频回答声能召唤相距几米外的雄蛙，使之快速跳向雌蛙，怀卵雌蛙的鸣叫行为，可使得凹耳蛙的繁殖过程更加经济、有效。但雌蛙对超声——频率高于20千赫的求偶声并没有反应。相比其他绝大多数蛙，凹耳蛙声通信的频率范围较低（上限在5至8千赫），它们是用声音进行通信的一种蛙。

第二节　娃娃鱼——大鲵

大鲵为国家Ⅱ级重点保护野生动物。大鲵属有尾两栖动物。一般全长582～834毫米，头体长310～585毫米，最大个体全长200厘米以上。头大，扁平而宽阔，头长略大于头宽；雄鲵肛部隆起，椭圆形，肛孔较大，内壁有乳白色小颗粒；雌鲵肛部无隆起，泄殖肛孔较小，周围向内凹入，孔内壁平滑，无乳白色小颗粒。

大鲵

拉丁名：*Andrias davidianus*；

英文名：Chinese giant salamander；

隐鳃鲵科、大鲵属；

民间称谓：娃娃鱼。

大鲵白天常卧于洞穴内，很少外出活动，夏秋季节有白天上岸觅食或晒太阳的习性。大鲵一般夜出晨归，常住一个洞穴。捕食主要在夜间进行，常守候在滩口乱石间，发现可猎动物经过，突然张嘴捕食。大鲵适宜栖息于水温3～23℃的水中，个体大的多生活于深水处，中小型个体多在浅水处。成年鲵多数单栖活动，幼鲵常集群在乱石缝中，其生活最适水温为10～20℃。大鲵常将头部伸到水面呼吸，皮肤是它进行气体交换的重要器官，在含氧量较高的水中，大鲵可较长时间伏于水底，不浮出水面呼吸。在人工饲养情况下，其每6～30分钟将鼻孔伸出水面呼吸一次，吸气几秒至数十秒。大鲵小小的牙齿又尖又密，咬肌发达，猎物一旦被咬住很难逃脱。但它们不能咀嚼，只会将猎物囫囵吞下。大鲵体表光滑，身体满布黏液，当遇到危险时会放出奇特的气味，令敌人知臭而退。

大鲵（黄山风景区管理委员会 供图）

大鲵的视力不好，主要通过嗅觉和触觉来感知外界信息；它们还能通过皮肤上的疣来感知水中的震动，进而捕捉水中的鱼虾以及昆虫。大鲵在它所处的生态系统中占据食物链顶端的位置，是生物链重要的一环。大鲵在不同的水域中，食物来源也略有不同。它们食量大，主要捕食水中的鱼类、甲壳类、两栖类及小型节肢动物等。此外，在大鲵的胃中还发现有少量植物组分。在长江流域大鲵所处栖息地内有白甲鱼、宽口光唇鱼、马口鱼等鱼类，为大鲵提供了广泛的捕食对象，大鲵喜欢捕食蟹类。大鲵新陈代谢较为缓慢，停食半月之久，胃内仍有未消化的食物。它的耐饥能力很强，只要饲养在清洁凉爽的水中，数月甚至一年以上不喂食亦不致饿死。

成年鲵一般栖息在海拔 1000 米以下的溪河深潭内的岩洞、石穴之中，以滩口上下的洞穴内较为常见。洞口不大，进出一个口；洞的深浅不一，洞内宽敞平坦。

雌性大鲵会将卵产在水中的洞穴内，一次可产卵数百枚。刚出生的幼体体长只有 3 厘米左右，在自然条件下生长至性成熟需要约 15 年。每年 5—9 月份是大鲵的繁殖季节，一般 7—9 月份是产卵盛期。大鲵的卵多以单粒排列，呈念珠状，偶有在 1 个胶囊内含 2～7 粒者。产卵之前，雄鲵先选择产卵场所，一般在水深 1 米左右有沙底或泥底的溪河洞穴处，雄鲵进入洞穴后，用足、尾及头部清除洞内杂物，然后出洞，雌鲵随即入洞产卵，有的雌鲵也在浅滩石间产卵。产卵一般在夜间进行，尤其是在有雷雨的夜晚，每只雌鲵产卵 200～1500 粒。产卵之后，雌鲵即离去或被雄鲵赶走，否则雌鲵可能将其自产的卵吃掉。雄鲵独自留下护卵，以免卵被流水冲走或遭受敌害。孵卵期间，如有敌害靠近，雄鲵则张开大嘴以示威胁，以此抵御敌害的侵袭；也会把身体弯曲成半圆形，将卵圈围住，加以保护，待幼鲵孵出，分散独立生活后，雄鲵才离去。

传说大鲵（娃娃鱼）是送子娘娘送给五条有功的神龙，为他们把守山门的。真武帝上了天宫，修成了正果。为感谢五条神龙相救之恩，真武帝就问五条神龙有什么要求，他会尽力满足他们。神龙来到人间一游，有心留在风景秀丽的赛武当，真武帝就在赛武当为他们每位安置了一个龙潭，然后请送子娘娘给每条神龙送来几个守门的娃娃解闷。送子娘娘怀里抱着娃娃来赛武当，她看神龙们都居住在水里，就将怀里的娃娃往水潭里一丢，那些娃娃一见水都“哧溜溜”地钻进鱼腹投胎转世，变成了有手有脚、会夜间唱歌的娃娃鱼。所以，当地百姓只要见到水中嬉戏的娃娃鱼，就知道顺着这潭水可以找到龙宫宝殿。

《山海经·北山经》记载：“又东北二百里，曰龙候之山，无草木，多金玉。决决之水出焉，而东流注于河，其中多人鱼，其状如鲚鱼，四足，其音如婴儿，食之无痴疾。”

第三节 中国小火龙——东方蝾螈

东方蝾螈为中国“三有”保护动物（国家保护的有益、有重要经济和科学研究价值的陆生野生动物）。东方蝾螈雌雄大小有差异，雄螈长 66 毫米左右，雌螈长 80 毫米左右。头部平扁，头长大于头宽。皮肤较光滑，背面满布细小痣粒及细沟纹；耳后腺发达；枕部有不清晰之“V”形隆起，其后有弱的脊棱。腹面光滑，颈褶明显。

东方蝾螈

拉丁名：*Cynops orientalis*；

英文名：Oriental fire-bellied newt；

蝾螈科、蝾螈属；

民间称谓：水壁虎、小鲵鱼、四脚鱼。

跳跃中的东方蝾螈

东方蝾螈没有严格的冬季蛰伏现象，在一年四季均可见到，尤其4—5月份产卵季节最易见到。白天常栖息在水底或水草下面，有时浮出水面呼吸；入冬之后则隐伏在水底或潮湿土洞内、石缝间或树根下度过寒冷的冬天；在水中越冬的个体，当塘水干涸或水面有薄冰时，往往浮在水草间或石块下，甚至前移到陆地与石块间。具有外鳃的幼体，往往游动于溪塘的水草间；当外鳃消失后，大多数个体栖息在潮湿的土洞或石缝间，在6—8月可在野外见到幼螈。幼螈生活在静水水域或水稻田内，捕食水生昆虫和昆虫卵、幼虫以及其他小型水生动物。

东方蝾螈生活于海拔30～1000米的山区，常栖息于水草繁多的泥地沼泽、静水塘、泉水潭和稻田内及其附近水沟中。石头间隙是东方蝾螈良好的隐蔽场所，一般靠梯田壁侧处较多，田里多有枯叶和杂草，易于隐蔽。东方蝾螈行动缓慢，极易捕获。东方蝾螈对水质要求很高，水污染使得东方蝾螈的数量急速下降。

东方蝾螈产卵期在3—5月份，以5月份产卵最多，适宜水温为18～25℃。雌螈分次产卵，从初次产卵到产卵结束可持续1个月。东方蝾螈的求偶行为和产卵行为都很有趣。

求偶行为：雄螈经常围绕雌螈忽前忽后地游动，然后弯转头部，注视着雌螈，同时将尾部向前弯曲，急速抖动，这种动作可反复多次，有的可持续数小时；当雌螈应答后，雄螈转身前行，雌螈尾随其后，雄螈随即排出乳白色精包，精包外有透明的包膜，微带黏性，沉于水底附着物上。雌螈紧随雄螈向前移动一段距离，使泄殖腔孔触及精包的尖端，并慢慢将精包内的精子纳入泄殖腔内，精包的包膜遗留在附着物上。雌螈在纳入精子以后，尾部高举，活动明显加强。雄螈有咬其配偶前、后肢或尾部的举动，以促进雌螈活动增强，经1小时后，蝾螈逐渐恢复常态。

产卵行为：雌螈游至水面，用后肢将水草或叶片对折合拢在泄殖孔部位，静止片刻，即将卵产于其间，每产完一次卵，游至水下层稍停片刻，再游至水面叶间继续产卵，有的可连续产卵5粒，每尾雌螈年产卵100粒左右，最多近 300 粒。受精卵一般经 15～25 天后孵出幼体。幼体出膜 2～3 天后开始捕食，喜食水蚤或水蚯蚓。在食物充足的条件下，幼体生长快。幼体当年完成变态。

东方蝾螈皮下有剧毒，名为河豚毒素，是世界上发现的毒性最强的毒素之一，一毫克可致一个成年人死亡。毒素在皮下，一般不会释放。

东方蝾螈又称“四脚鱼”，民间流传着黄公祖师接“四脚鱼”的传说。黄公祖师，俗名黄应星，生于南宋年间，相传其 16 岁坐化成佛。小时候因家境贫寒，黄应星给一户人家放牛。有一天，黄应星早早就去放牛，来到离家较远的大白岩山上时，已是中午时分。他肚子很饿，便打开主人给的午饭包，发现饭包里面有两条小鱼。忽然，他想起大白岩寺里有一个供和尚吃水用的小水池。他边吃饭边走着，吃完饭，人已到小水池边，只剩下两条小鱼。他想：把小鱼丢了怪可惜的，不如把它们放到小池里吧。又一想，如果把小鱼接上脚，小鱼既能水下游又能岸上走，岂不悠哉？于是，黄应星顺手摘来了几根“山苇梗”，在小鱼的肚边对称地插上 4 根，后两根稍长一点，便成了“四条腿”，他随即把做成的“四脚鱼”放进了小池里。说来也怪，小鱼竟然活了，摆动着四条腿，摇着尾巴，在小池里悠闲地游来游去，好不自在。从此，寺里的小水池里就有了“四脚鱼”。

东方蝾螈什么情况下会释放毒素？

一般情况下，东方蝾螈是无毒的，但是用东方蝾螈来喂鱼或龟会使其中毒，千万要小心。当东方蝾螈感受到威胁的时候，会弓起腹部释放毒素。东方蝾螈的双眼后侧、背脊两侧都有毒腺，会分泌出牛奶状的毒液，皮下存在塔利卡毒素，即河豚毒素，只要一毫克就能毒死一个成年人。

第四节 亚洲之蛙——虎纹蛙

虎纹蛙为国家Ⅱ级重点保护野生动物。虎纹蛙体长可达12厘米。背面黄绿棕色，有不规则斑纹；腹面白色；前、后肢有横斑。下颌前缘有两个齿状突。锄骨齿极强。皮肤粗糙，背面有许多疣粒和长短不一的肤棱。无背侧褶。趾间具全蹼。雄蛙第一指有婚垫，有一对咽侧下外声囊。卵粒乳黄色，卵径1.4毫米左右。

相关链接

虎纹蛙
拉丁名：*Hoplobatrachus rugulosus*；
英文名：Tiger frog；
叉舌蛙科、虎纹蛙属；
民间称谓：水鸡、田鸡、青鸡、泥蛙、蛤蟆。

虎纹蛙繁殖季节主要在稻田等静水、浅水区活动。大多生活于石块砌成的田埂、石缝中，仅将头部伸出洞口。如有食物活动则迅速捕食之，若遇敌害便隐入洞穴中。虎纹蛙在黄昏后的几个小时活动最为频繁，尤其是在傍晚，显得异常兴奋。

虎纹蛙是肉食性动物，在自然界中以捕食蝗虫、蝶蛾、蜻蜓、甲虫等昆虫为主；虎纹蛙幼体则靠摄食水中的原生动物、藻类及有机碎屑等天然饵料为生。虎纹蛙与一般蛙类不同，它不仅能捕食活动的食物，而且无须驯化便可直接发现和摄食静止的食物。虎纹蛙对静止的食物有选择性，一般偏爱有泥腥味的食物，如鱼肉、螺肉、蚯蚓等。虎纹蛙的捕食时间主要在晚上，白天捕食较少。

虎纹蛙繁殖期为5—9月份。其生殖、发育都在水中进行，产卵前在稻田、池塘或水沟里先行交配，然后才开始产卵。雌蛙产卵的同时，雄蛙排精，在水中进行受精（体外受精）。根据其性腺发育情况判断，虎纹蛙为多次产卵类型。虎纹蛙卵为多黄卵，产出的卵粒黏连成小片浮于水面，每片有卵十余粒至数十粒，卵多产于永久性的池塘或水坑内。

虎纹蛙

虎纹蛙常生活于海拔 900 米以下的稻田、沟渠、池塘、水库、沼泽地等有水的地方，其栖息地随觅食、繁殖、越冬等不同生活时期而改变。

虎纹蛙吃害虫，小蛙叫声“唧唧唧”，大蛙叫声“咕咕咕”。类似于家养的鸡吃虫子，小鸡叫声“唧唧唧”，母鸡叫声“咕咕咕”，所以虎纹蛙和青蛙就是田里的鸡，俗称“田鸡”。

虎纹蛙是很厉害的歌唱家，它们的合唱并非各自乱唱，而是有一定规律的，有领唱、齐唱、伴唱等多种形式，互相密切配合，是名副其实的合唱。

第五节　天气预报小能手——棘胸蛙

棘胸蛙为安徽省Ⅱ级保护野生动物。棘胸蛙形似黑斑蛙，但比黑斑蛙粗壮肉肥。全身灰黑色，皮肤粗糙，背部有许多疣状物，多成行排列而不规则。雄蛙背部有成行的长疣和小型圆疣，雌蛙胸部无刺，背部散布小型圆疣，腹部光滑、有黑点。

相关链接

棘胸蛙

拉丁名：*Quasipaa spinosa*；

英文名：Rana spinosa；

蛙科、蛙属；

民间称谓：石鸡、棘蛙、石鳞、石蛙、石蛤。

棘胸蛙畏光怕声，后肢粗壮，跳跃能力很强，弹跳高度可达1米。傍晚时爬出洞穴，在山溪两岸或山坡的灌木草丛中觅食、嬉戏；夜深时返回洞穴。白天一般伏在洞口，或潜伏在草丛、沙砾和石头空隙间，伺机捕捉附近的食物。一旦遇蛇、鼠等敌害或人，则迅速退回洞内或潜入水底。

其繁殖季节为4—9月份，5—7月份为繁殖盛期。棘胸蛙为1年多次产卵类型。群体产卵一年分三批：第一批在4月下旬，第二批为5月底至6月初，第三批为7月上旬至8月。其产卵量因个体大小、水温及性腺发育状况而有差异。棘胸蛙的交配一般在晚上进行。交配前，雄蛙发出“呱呱”的求偶声吸引雌蛙。雌蛙听到叫声则在水中徘徊，有时发出“咔”的应和声，寻求拥抱。抱对时，雄蛙骑伏在雌蛙背上，并用其前肢紧抱雌蛙，精、卵同时排出体外进行体外授精。

棘胸蛙常喜栖息于深山老林的山涧和溪沟的源流处，尤喜栖居在岩底的清水潭以及瀑布下的小水潭，或有水流动、清澈见底的山涧溪流中。棘胸蛙感官特别灵敏，尤其对天气变化最敏感。春夏之交，下雨之前天气闷热，棘胸蛙会倾巢而出，并发出大而密的叫声，山区村民常以此预测天气变化。

蛙本来应该是蛇的美味佳肴，可是蛇要碰上成群的棘胸蛙准会倒霉。雄蛙的胸部长满刺状的疣，10～20只棘胸蛙压住蛇不放，能把蛇活活折磨死。

棘胸蛙

相关链接

棘胸蛙历来被视为珍稀美味，即“山珍海味”中的“山珍”，又称“石鸡”，与石耳、石鱼并称“黄山三石”。郭沫若曾以“软熘肥鲩美，香炸石鳞高”的诗句称赞棘胸蛙味美。中医认为石鸡性寒，有清火明目、清热解毒和滋补强身的功效。《太平广记》记载：“南方又有水族，状如蛙，其形尤恶，土人呼为蛤。为臛食之，味美如鹧鸪，及治男子劳虚。”目前，市场上提供的都是人工养殖的棘胸蛙。

第三章 爬行动物

由于地质历史上的特殊原因，黄山拥有特有的地质景观和生物多样性资源，黄山风景区内的动物多样性资源具有珍稀性、濒危性、特有性的特点。黄山风景区各动物类群在安徽省动物区系组成中占有极其重要的地位，从整

黄山美景（汪钧 摄）

体上看，黄山风景区的自然生态环境保存得相对较好，除了资源开发区内生境受到一定程度的破坏以外，其他地区森林景观保护完好，景观中生境斑块比较大，这对保护珍稀濒危物种有利，可以在这个基础上进一步加强保护。与国内其他自然保护区相比，黄山风景区兽类多样性指数仍然处于比较高的水平。尽管如此，黄山生物多样性仍面临着巨大的威胁。

有许多人对保护生物多样性的认识存在误区，认为我们只需要保护看起来对人类有益的物种，而应该消灭看起来对人类发展没有贡献的物种。其实，这个想法是错误的，科学进步不是一蹴而就的，我们保护生物多样性不仅要保护现阶段的有益物种，而且要保护生物多样性的潜在价值。例如眼镜蛇毒中主要的毒性成分 α-neurotoxin 神经毒素，是镇痛药的主要活性成分。就这个意义上来说，保护眼镜蛇，是人类获取镇痛药的有效途径。一个物种的消失总是伴随着无数种可能，在保护生物多样性的道路上，我们不能因噎废食，不仅要识之认之，更要护之用之，正所谓存在即合理。下面请您跟随笔者一起了解一下黄山让人又爱又怕的爬行动物吧！

第一节　五步蛇——尖吻蝮（fù）

尖吻蝮为国家Ⅱ级重点保护野生动物、安徽省Ⅰ级保护野生动物。尖吻蝮的嘴上有一个向前延伸凸起的“小触角”。和所有蝰蛇科动物一样，其头形为三角形，所以十分好辨认。通常情况下，尖吻蝮身长保持在1.2～1.5米，有少部分超过了两米。除此之外，成年的尖吻蝮体态十分壮硕，通常体重在2.5千克左右，鲜有超过5千克的。由于身长的局限，这家伙看起来短粗短粗的，像极了一个“自带文身的棒槌”。在野外，若想辨认某种蛇是不是尖吻蝮，除了看它脑袋是不是三角形、嘴上有没有小突起之外，还可以看它自带的“伪装”。尖吻蝮之所以能在大自然中逃过种种捕猎者，自然要归功于它自带的“保护色”。常见的尖吻蝮的花纹以菱形居多，且大多是有规律的三角形图案，在腹部的中央及两边有非常大的小黑斑。颜色基本上为棕色和黑色，在自然环境中特别能与地上的落叶混为一体，形成极好的伪装。它的毒牙十分厉害，成年尖吻蝮外露的毒牙长度超过2厘米，在毒蛇中绝对是佼佼者。

尖吻蝮

拉丁名：*Deinagkistrodon acutus*；

英文名：Long-nosed pit viper；

蝰蛇科、尖吻蝮属；

民间称谓：百步蛇、五步蛇、五步龙、七步蛇、蕲蛇、山谷蘁、百花蛇、中华蝮。

尖吻蝮年活动周期自惊蛰至大雪约为9个月，影响其活动的主要因素是温度、湿度及食物。气温20～30℃时，活动最频繁；气温35～38℃时，多向水边集中。在夜间其对火把照明较为敏感并对火把有攻击反应，用手电筒照时几乎无明显趋温倾向。尖吻蝮以社鼠、大足鼠、黄鼬及棘胸蛙为食。尖吻蝮在山坞的分布和棘胸蛙的分布、数量有关系。尖吻蝮虽有剧毒，但是它不会平白无故就发动攻击。它生性懒惰，平日基本上就是盘在自己的生活圈内，与人类生活毫无瓜葛。随着尖吻蝮的药用价值逐渐被发现和人类对于生态毁灭性的破坏，其失去了最原始的生活环境，它逐渐向人类的生活圈靠拢。

尖吻蝮（黄山风景区管理委员会 供图）

雌蛇尾基部的臭腺分泌物有特殊臭味，能引诱雄蛇。交配前有追偶现象，交配时相互缠绕。卵多产在天然洞穴中，洞道浅短干燥。在一梯田所见的尖吻蝮洞穴，洞口径为 10 厘米，洞道径仅有 25 厘米。产卵数目不等，年轻母蛇产卵早、数量少，年老母蛇产卵迟、数量多，一般为 12～18 枚，曾见一蛇产出 42 枚卵。卵白色，长圆形，卵壳软，触之如纸。卵重 16～18 克，大小为 42～45 毫米×25～30 毫米。卵产出时多竖成圆圈状，粘在一起，通常 1～3 天产完。幼蛇约 24 天孵出，出壳时体长 19 厘米。幼蛇出壳 10 天后开始第一次蜕皮，49 天后第二次蜕皮。

尖吻蝮主要栖息在海拔 400～700 米的常绿和落叶混交林中，夏季喜欢在山坞的水沟一带活动，对生境条件的要求是阴凉、通风、有树、有水，也在茶园、农田、柴堆内活动，能上树，也会进入民居。冬季多在树根形成的天然洞或旧鼠洞中越冬。

众所周知，眼镜蛇的毒素十分可怕，一旦被它咬上一口就会导致神经系统的崩溃，从而导致心律不齐、呕吐腹泻等症状，若能及时注射血清，性命尚可保住。可眼镜蛇的毒素与尖吻蝮的相比不值一提。“五步之外难以察觉，五步之内性命攸关”说的就是尖吻蝮。成年的尖吻蝮体形很健硕，从其毒牙的长度可以判断出它捕猎的时候一次释放出来的毒液量是多么惊人。有别于眼镜蛇的神经性毒素，尖吻蝮的毒素为血溶性毒素，并且还是一种强烈出血性的“致命”毒素。被尖吻蝮咬伤致死向来都被称为“最惨烈的死法”，伤者的伤口上会源源不断地出血，并伴随着剧烈的疼痛，然后伤口周围组织会肿大，起水泡，甚至出现烂肉的情况。尖吻蝮的攻击性格外强，所以平时遇到的时候一定要绕着走，千万不能一时兴起徒手抓它。一方面它性格凶猛，另一方面它的脑袋可以大幅度地扭转，十分容易转头就咬上一口，后果不堪设想。柳宗元在《捕蛇者说》中曾提到尖吻蝮：“永州之野产异蛇，黑质而白章。触草木，尽死。以啮人，无御之者。”其毒性可见一斑。

剧毒也可能是灵药，特别是在我们这样一个传统医学如此发达的国家。尖吻蝮的毒甚至可以称得上是液体黄金，具有祛风、活络、定惊的功能，在治疗风湿瘫痪、骨节疼痛、麻风、疥癣、惊风抽搐、破伤风、杨梅疮、瘰疬恶疮等疾病方面有着非常好的疗效。所以，在野生尖吻蝮被列入国家Ⅱ级保护动物的背景下，尖吻蝮的人工养殖业也开始变得兴盛起来。

被尖吻蝮咬了之后真的只能走五步吗?

当然不是，这只是一种夸张的说法。虽然夸张，但有一定的道理。被蛇咬伤后不能剧烈运动，蛇毒在体内的扩散是通过淋巴和血液循环进行的，如果剧烈运动，会加快血液循环，促进毒素在体内扩散。若在野外被其咬伤，应在固定受伤肢体后减少运动并尽快送医。

第二节 龟中皇者——金头闭壳龟

金头闭壳龟为国家Ⅱ级重点保护野生动物、安徽省Ⅰ级保护野生动物。金头闭壳龟头较瘦长，吻较突，上颌呈钩曲状，头顶光滑无鳞。背甲长卵圆形，中央脊棱明显，无侧棱，各盾片间缝处稍下凹，同心纹清晰，颈盾短小，椎盾5块，肋盾4对，缘盾11对，臀盾1对；腹甲与背甲几乎等长，以韧带相连，喉盾2块，弧圆肛盾2块，后部有微缺刻，无腋盾和胯盾；四肢扁圆形，指、趾间具蹼，前肢有大鳞；背甲隆起较高，呈黑褐色或棕红色，周边黄；头顶金黄色，头两侧黄色；颈背及两侧、四肢外侧及尾背黑橄榄色；头、颈、尾的腹面及四肢内侧灰黄色；腹甲黄色，盾片上有基本对称排列的黑斑或黑条纹。前肢5爪，后肢4爪。

金头闭壳龟
拉丁名：*Cuora aurocapitata*；
英文名：Golden-headed box turtle；
龟科、闭壳龟属；
民间称谓：金头龟。

金头闭壳龟生活于丘陵地带的山沟或水质较好的山区池塘内，也常见于离水不远的灌木草丛中。多昼伏夜出，白天隐藏于石块或石板下，夜间外出觅食。喜食鱼虾、蝌蚪、各种昆虫，特别是蜻蜓幼虫。每年5—10月份为摄食、活动期，11月至翌年4月份为冬眠期。饲养条件下，金头闭壳龟胆子大且颇通人性，有时在主人喂食前后，它会爬过来同主人嬉戏或跟着主人爬行，饱餐之后频频向主人点头。

体重300克以上的雌性金头闭壳龟可达性成熟。雄龟一般体重120克以上即已性成熟。每年4—5月份和9—10月份是雌性金头闭壳龟的发情期，雄龟在除冬眠期以外的任何时间都可发情。雌龟产卵期为7月底到8月初，每年产卵1次，可分两批产出，每批产卵两枚。卵乳白色，椭圆形，大小为 39.5～41.5 毫米×20.7～22.4 毫米，重 12.0～14.8 克。60 天左右孵出小龟。

金头闭壳龟为中国特有种，分布于安徽、江苏、广西等地山区，喜欢栖息在山沟、干净的池塘之内，也出现在离水不远的灌木丛中。金头闭壳龟算是陆生龟，可以长时间离开水，13℃以下进入冬眠，16℃以上开口吃食。

金头闭壳龟

龟在我国古代享有崇高的地位，与龙、凤、麒麟并称“四灵”。传说龟原是天上一位俊美的仙女，父母十分疼爱，整天被关在闺房中不能外出。在满 18 岁的那天，她独自出门遨游仙境，一时迷失了路，被玉皇大帝手下的两名大将抓了回去。玉皇大帝见其美貌非凡，欲纳她为妾，她大哭大闹决意不从，玉皇大帝恼羞成怒，将她变为乌龟，打入凡尘，给她一万年的时间考虑。她宁愿做一万年乌龟，也绝不做玉皇大帝的玩偶。从此，乌龟便在凡间定居下来，故民间有“千年王八万年龟”之说。龟到了凡间做了许多好事，后被玉皇大帝封为“玄武”。

何为“闭壳龟”？

简单来说，闭壳龟的上下龟甲是可以完全合并在一起的，四肢可以完全收进龟甲之中，从而起到完美的保护作用。

第三节　不缩头的狠角色——平胸龟

平胸龟为国家Ⅱ级重点保护野生动物。平胸龟体扁平，头大，不能缩入壳内。头、背覆以完整的盾片，上颌钩曲呈鹰嘴状。背甲长卵圆形，前缘中部微凹，具中央脊棱。腹甲近长方形，前缘平截，后缘中央凹入。背腹甲之间有下缘盾。四肢强，覆有瓦状排列的鳞片。前肢 5 爪，后肢 4 爪。指、趾间具蹼。尾长，几乎与体长相等，具环状排列的长方形大鳞。头、背甲、四肢及尾背为棕红色、棕橄榄色或橄榄色。腹甲带橘黄色。雄性头侧、咽、颏及四肢均缀有橘色斑点。

平胸龟

拉丁名：*Platysternon megacephalum*；

英文名：Big-headed turtle；

平胸龟科、平胸龟属；

民间称谓：鹰嘴龟、大头平胸龟、麒麟龟、鹦鹉龟。

平胸龟标本

相关链接

平胸龟是不是《山海经》中的旋龟？

平胸龟很像《山海经》里的旋龟。这种异兽嘴巴像老鹰，尾巴却像蛇，只有身子和普通的龟类相似，它的声音就像劈木头时发出的声音一样，据说带着它就不会耳聋，即传说中的“佩之不聋”。旋龟之所以能够在神话中留名，是因为它跟大禹治水有一定关联。传说舜帝时洪水泛滥，不仅破坏了田地，还淹死了许多黎民百姓。大禹受命治理洪水，可是仅凭他一个人的力量，很难完成那么巨大而又艰难的任务。幸好大禹得到了许多神兽的帮助：能够呼风唤雨的应龙用自己的尾巴划地，把滔滔不绝的洪水引向了浩瀚的大海；而旋龟则驮着息壤（传说中能治理洪水的土壤），跟随在大禹的身后，以便在洪水退去的时候，填补那些纵横交错的水道，更改河流的方向。据说故事里的旋龟就是现在的平胸龟。

平胸龟主要生活在山涧清澈的溪流中，在沼泽地、水潭、河边及田边也有出没。一般多在夜间活动，借尾部的支撑可攀登比自身长度高的墙壁、树枝。平胸龟是典型的食肉性动物，主要捕食蜗牛、蚯蚓、小鱼、螺类、虾类、蛙类等，也吃死鱼虾和动物内脏，不食植物性饲料。每年 11 月左右进入冬眠，直至次年水温升到 15℃左右时才苏醒。平胸龟是国产淡水龟中最凶猛的一种，与其他龟的消极防御不同，平胸龟往往主动进攻，受到威胁时则怒目圆睁，口中“嘶嘶”作响，张嘴欲咬；一旦被捉，则爪挠口咬，尾部左右抽打，剧烈反抗。平胸龟爪长腿长，爬行速度很快，每分钟可行进 7～8 米。它的游泳本领也很强，在水面游泳时，尾部末端翘起，四肢划水，游动自如。

平胸龟一般 5～6 年达到性成熟，体重在 250 克以上。从外形上来看，一般腹面丰满而体大者，多为雌龟；腹面较平坦或略微凹者，多为雄龟。雌龟泄殖孔后缘不超过背甲后缘，而雄龟泄殖孔后缘超出背甲后缘。平胸龟多在秋季交配，时间在 9—10 月份傍晚，一般在次年 5—7 月份的晚上爬到沙土上扒窝产卵。整个产卵季节，平胸龟可产卵多次，每次产卵 1～3 枚。

平胸龟因其嘴部酷似鹰嘴，又名“鹰嘴龟”，是目前我国珍稀的野生龟类之一，生态价值和研究意义重大。在民间关于鹰嘴龟的传说故事很多，曾有山区居民称鹰嘴龟为“毒蛇克星”，当地也俗称其为“吃蛇龟”，据称其嘴喙如鹰钩，尖锐有力，可以克制蛇类。在衡山盘谷溪涧，流传着鹰嘴龟捕食老鹰的离奇传说。据说这种乌龟能放出一种特别的腥臊气体，对于鹰类猛禽有极强的吸引力，当它们飞下来捕食时，反而会被鹰嘴龟咬住。即使老鹰被咬后飞向天空，鹰嘴龟也不会松口，并用其尖锐、强硬的尾巴猛刺老鹰脆弱的腹部，从而达到捕食猛禽的目的。

第四节　毒丈夫——眼镜蛇

眼镜蛇为安徽省Ⅱ级保护野生动物。眼镜蛇上颌骨较短，前端有沟牙，沟牙之后往往有一至数枚细牙，系前沟牙类毒蛇。眼镜蛇不爱活动，头部呈椭圆形，从外形看不易与无毒蛇相区别。头背具有对称大鳞，无颊鳞。瞳孔圆形，尾圆柱状，整条脊柱均有椎体下突。多数眼镜蛇体形很大，有1.2～2.5米长。眼镜蛇毒液为高危型混合毒液。眼镜蛇最明显的特征是其颈部皮褶，当它被激怒时，会将身体前段竖起，颈部皮褶向两侧膨胀，此时背部的眼镜圈纹愈加明显，同时发出“呼呼”声，借以恐吓敌人。

眼镜蛇常喜欢生活在平原、丘陵、山区的灌木丛或竹林里，山坡坟堆、山脚水旁、溪水鱼塘边、田间、住宅附近也常出现，属昼行性蛇类，主要在白天外出活动觅食。该蛇食性很广，既吃蛇类、鱼类、蛙类，也食鸟类、蛋类、昆虫等。眼镜蛇能耐高温，在35～38℃的炎热环境中照样不回避阳光，仍四处活动；但对低温的承受能力较差，冬季喜集群冬眠，在气温低于9℃时易被冻死。眼镜蛇有剧毒，若被惹怒则会伤人，为我国的主要毒蛇之一。

眼镜蛇是卵生动物，其繁殖期为 6—8 月份，雌蛇每次产卵 10～18 枚，自然孵化，亲蛇在附近守护，孵化期约 50 天，幼蛇 3 年后达到性成熟。

眼镜蛇标本（夏尚光 摄）

眼镜蛇主要分布于北纬 25 度左右及以南地区，包括我国福建、广东、海南、广西及云南南部，国外分布于南亚及东南亚。栖息于海拔 180～1014 米的平原或低山，植被覆盖较好的近水处。由于此蛇分布范围较狭窄，数量本来就不多，野外已极稀少。

中华眼镜蛇为什么叫“舟山眼镜蛇”？

因为中华眼镜蛇第一次被探险家发现的地方在舟山，所以被冠以“舟山眼镜蛇”之名。

第五节　亚洲死神——银环蛇

银环蛇为安徽省Ⅱ级保护野生动物。银环蛇全身体背有白环和黑环相间排列，白环较窄，尾细长，体长0.6～1.8米，具前沟牙。体背面有黑白相间的环纹，躯干部有25～50个白色环带，尾部有7～15个白色环带；腹部乳白色。银环蛇毒性极强，依据毒蛇的LD50值（描述有毒物质或辐射的毒性的常用指标）、蛇的排毒量、蛇的形体大小、蛇的攻击性等综合排名，银环蛇为陆地第四大毒蛇，是中国最毒的毒蛇。

银环蛇昼伏夜出，闷热天气的夜晚出现更多，初夏白天气温15～20℃、天气晴朗时，也偶见其出来晒太阳。银环蛇性情较温和，只在产卵孵化或被惊动时会突然袭击人。银环蛇会捕食泥鳅和蛙类，也吃各种鱼类、鼠类、蜥蜴和其他蛇类。

银环蛇为卵生，常在11月中旬开始入蛰，至翌年5月上旬出蛰，雌蛇多于6月间产卵，每次产3～12枚，孵化期需要45～56天。幼蛇3年后性成熟。

银环蛇喜欢栖息于平原、丘陵或山麓近水处；傍晚或夜间活动，常出没于田边、路旁、坟地及菜园等处。由于该蛇生性胆小，一般不主动攻击人，因此人类为其所伤的案例并不多。俗话说“惹金不惹银”，意思是说就算是在野外不小心惹怒了金环蛇，也千万不要去惹怒银环蛇。银环蛇具有α-bungarotoxin、β-bungarotoxin两种神经毒素，患者被咬时不会感到疼痛，反而想睡觉。轻微中毒时身体局部产生麻痹现象，若是毒素作用于神经肌肉交接位置，则会阻绝神经传导路线，致使横纹肌无法正常收缩，导致呼吸麻痹，作用时间40分钟至2小时，甚至长达24小时。人被咬伤后，由于起初感觉不是很明显，疼痛感较小，常被忽视，数小时后如不及时治疗，常因呼吸麻痹而死亡。被银环蛇咬伤后，可以用抗蛇毒血清治疗。在抗蛇毒血清应用以前，被银环蛇咬伤后人的死亡率极高。

银环蛇

陆地十大毒蛇排名

1. 内陆太攀蛇　2. 棕伊澳蛇　3. 东方虎蛇　4. 银环蛇　5. 死亡蝮蛇　6. 西部拟眼镜蛇　7. 海岸太攀蛇　8. 黑曼巴蛇　9. 莽山烙铁头　10. 眼镜王蛇

在陆地十大毒蛇排名之中，最毒的便是位于澳大利亚的内陆太攀蛇（又叫西鳞太攀蛇），乃当今陆地毒蛇之王，喷射一次的毒液能够毒死20万只老鼠，能毒死100名成年人，可见它毒性之强，其毒性仅次于世界第一毒蛇的贝尔彻海蛇。

曾有新闻报道，陕西渭南一个21岁的女孩小芳（化名），从网上购买了一只活体银环蛇。卖家明确告知小芳银环蛇有剧毒，并询问其买蛇用途，小芳回复称“泡酒”。而实际小芳网购银环蛇是当宠物养。结果后来小芳被这条银环蛇咬伤。尽管当时已经找到了血清，但由于注射不及时，导致其脑死亡。所以，银环蛇虽然平日看似胆小并且温顺，不会主动攻击人类，但是也不宜作为宠物饲养。如果它们感到自己遭受威胁，就会反击，一旦被咬伤，中毒者将可能会面临死亡威胁。

相关链接

被毒蛇咬伤后吸出毒液的方法可取吗?

在电视剧、电影中，当某人被毒蛇咬伤之后，旁边的人都会用嘴巴将毒液吸出来。其实这种做法非常错误，因为口腔黏膜也可能会吸收一部分毒液，这不仅不能救助对方，反而会让自己也陷入绝境。如果被毒蛇咬伤，应该尽快打120求助，并说出毒蛇的品种。如果不知道品种，在条件允许的情况下，应该拍摄咬伤自己的蛇或是记住蛇的特征，并把这些信息准确告诉医生或者施救之人。另外，被蛇咬伤之后，不要剧烈运动，以防蛇毒顺着血液快速流经全身。一般情况下，在被毒蛇咬伤后2小时内注射抗蛇毒血清就有痊愈的希望；时间拖得越久，中毒就会越深，救治的难度会越大。

黄山美景（汪钧 摄）

第四章　昆虫

人类已经在地球上生活了几百万年，而那些曾经陪伴过人类的动物却在面临着灭绝的危机，我们于心何忍？保护它们，就是保护我们人类自己。清新的空气、干净的水源、丰富的食物，这些我们习以为常的生命必需品其实强烈依赖于运转良好的生态系统，而这一系统建立在无数物种交织而成的复杂关系之上。失去任何一个，都会对环境存续造成威胁。昆虫传粉可以让

人类收获水果和蔬菜；没有了蛇，老鼠就会泛滥成灾。所有生命都是相互关联的，我们必须维持生物的多样性，拯救大片的动物栖息地，只有这样才能使地球的生命支持系统保持稳定。

在更深层次上，无论是猿猴还是蚂蚁，每一个物种都是一个答案，它帮我们解答如何才能在地球上生活的问题。一个物种的基因组，就是一本解题指南。但有很多物种在我们还没有搞清它们的生命图谱前，就已经从地球上灭绝了。当这个物种灭亡时，这份答案也随即丢失。我们失去的不仅仅是这个物种的现世价值，更失去了这个物种不可估量的潜在价值。即便一只小小的昆虫，在食物链中也至关重要，所涵盖的生物能量也是无穷的。大自然的神奇，每时每刻都在上演。下面请您跟笔者一起倾听昆虫私语吧！

第一节　昆虫界“四不像”——蜂鸟鹰蛾

蜂鸟鹰蛾被称为昆虫世界里的“四不像”——不像蜂、不像鸟、不像蝶、不像蛾。与其他飞蛾常在夜间出现不同，蜂鸟鹰蛾像蝶、蜂鸟一样在白天活动，口器是长长的喙管，且有尖端膨大的触角，还有色彩缤纷、美丽炫目的翅膀。其体形独特而强壮，有灰褐色前翅，其上饰有黑色纹线，两性相似。幼虫白色，身体肥硕，头很小，呈黑色。

蜂鸟鹰蛾

拉丁名：*Mocroglossum stellatarum*；

英文名：Humming-bird hawk-moth；

天蛾科、长喙天蛾属；

民间称谓：小豆长喙天蛾、蜂鸟天蛾、长喙天蛾、蜂鸟蝶蛾、蜂鸟蛾。

蜂鸟鹰蛾有长喙，觅食时总是如同蜂鸟般飞悬在花前，双翅拍打迅速，嗡嗡作响，来去灵巧敏捷，于是生活中常常被不知情的人误认为是蜂鸟。它分布数量不多，总是来无影去无踪，在民间有些地方老百姓干脆称呼这种神秘的小精灵为“鬼使婆”。由于悬停时发出响亮的“嗡嗡”声，它在吸食花蜜时非常像蜂鸟。蜂鸟鹰蛾这种与蜂鸟的相似性是趋同演化的一个例子。它们在白天，尤其在明亮的日光下飞行，也在黄昏、清晨甚至雨中行动。蜂鸟鹰蛾具有相当强的学习色彩能力。

悬停中的蜂鸟鹰蛾

蜂鸟鹰蛾有很多独特的习性和特征。它们像蜜蜂，能发出清晰的嗡嗡声；还像南美洲的蜂鸟，夜伏昼出，很少休息。在取食时，和蜂鸟一样，时而在花间急驰，时而在花前盘旋，飞翔速度快，有结茧的习性，成虫越冬。和蜂不同的是，蜂鸟鹰蛾采花不携粉，采蜜不酿蜜，能在原地悬空取食。和鸟不同的是，它盘旋飞翔时既能前进，也能后退。在春季和 8—10 月份可见到其在绿色植物上盘旋的身姿。

蜂鸟鹰蛾为卵生，每年产两窝或多窝虫卵。成年后在岩石、树木和建筑物之间的缝隙中越冬。与其他飞蛾不同，它们的触角裂片的大小没有性二态性。卵是光滑的浅绿色卵，球形，直径为 1 毫米。一只雌虫最多可产下 200 粒卵，在产卵后 6～8 天孵化。新孵化的幼虫为透明黄色，第二龄幼虫呈绿色，两侧有两个灰色条纹，在乳白色的边缘，乳突的尾部有角。口器为紫红色，最后一龄变成前端橘红色，末端蓝色。它们的食物完全暴露在寄主植物的顶部，在缠在一起的茎中休息。幼虫期可能会长达 20 天。

蜂鸟鹰蛾常栖息在树林边缘的花园、公园、草地、灌木丛中，它们赖以生长的植物有金银花、红缬草等植物，在高纬度地区很少能在冬天生存。

蜂鸟鹰蛾的本质还是飞蛾，有结茧的习惯，其之所以被当成害虫，是因为其采花不携粉、采蜜不酿蜜的习性：蜂鸟鹰蛾对于植物传播授粉起不到任何作用，反而会影响其他昆虫授粉采蜜，再加上蜂鸟鹰蛾幼虫咬食植物，影响植物的生长，故而被视为害虫。

蜂鸟鹰蛾与蜂鸟的区别

两者形态特征不同、栖息环境不同、生活习性不同。首先，蜂鸟鹰蛾长着膨大的触角和六足，这是昆虫明显的特征。其次，蜂鸟鹰蛾在吸食花蜜时，悬停在花朵上方，把超长的口器插入花中，之后会像卷发条一样收起。最关键的是，蜂鸟是南美洲的特有物种，亚洲没有分布。国内大家见到的“蜂鸟”，无论目击者有多么笃定，其实都不是蜂鸟，大多是两种生物：蜂鸟鹰蛾或者叉尾太阳鸟。叉尾太阳鸟的体形比蜂鸟稍稍大一点，常见于浙江、福建、广东一带。总之，可以确定的是，在中国真的没有蜂鸟。

第二节　中国最大的蜻蜓——蝴蝶裂唇蜓

蝴蝶裂唇蜓是中国最大的蜻蜓，是一种美丽且体形巨大的蜻蜓。翼展14～15厘米。头部正面呈椭圆形，两复眼在头顶稍微分离，额高度隆起；两眼互相接触，呈一条长直线。下唇端缘纵裂。身体黑褐色并具黄色条纹，腹部细长，雌性产卵器粗大。翅宽阔，前后翅三角室形状相似，距离弓脉也一样远；在翅痣内端常有1条支持脉和1条径增脉。具有非常发达的臀圈。

雄性的蝴蝶裂唇蜓具有显著的领域行为：一种是以低空慢速飞行在领地巡逻，有时会非常接近水面，有时则距离水面有一定高度；一种是长距离巡逻，蝴蝶裂唇蜓可以沿着几千米的溪道巡逻。蝴蝶裂唇蜓的稚虫期较长，通常需要两年或者更长的时间才能发育成熟。蝴蝶裂唇蜓体形大，飞翔能力强，飞行速度很快。其生活在人迹罕至的深山老林，不易捕集。蝴蝶裂唇蜓有着巨大的身体，只有在阳光的照射下才能起飞。雄性的蝴蝶裂唇蜓可以在整条山谷几公里的距离内往返飞行，两雄相遇会展开激战，有时激战后都不见了踪影。蝴蝶裂唇蜓种群数量很少。

蝴蝶裂唇蜓

拉丁名：*Chlorogomphus papilio*；

大蜓科、裂唇蜓属；

民间称谓：黄斑宽套大蜓。

蝴蝶裂唇蜓标本（虞磊 摄）

蜻蜓的交配在飞行中进行。雄蜻蜓用腹部末端的钩状物抓紧雌蜻蜓的颈部；雌蜻蜓腹部由下向前弯，把生殖孔接到雄蜻蜓腹部第二节下面的贮存精子的器官，而后雄蜻蜓授精。雌性蝴蝶裂唇蜓产卵器粗大。其交配状态特异，和其他许多昆虫都不一样。蝴蝶裂唇蜓飞行时水面产卵，尾部触水即起，飞翔时把卵排出，它的卵是在水里孵化的，幼虫也在水里生活。蜻蜓是典型的不完全变态昆虫，由稚虫蜕变至成虫的阶段中不需经历结蛹的过程。它们一生只经历三个阶段：卵、稚虫及成虫。蝴蝶裂唇蜓稚虫是水生的，而成虫则是具飞行能力的陆生昆虫。

蝴蝶裂唇蜓栖息于具有一定海拔高度的茂盛森林中的溪流旁。海拔 500～1500 米范围的清澈山区溪流是它们比较偏爱的环境。

巨型蜻蜓的祖先是什么样的？

《山海经》中记载，蜻蜓的祖先最初出现于泥盆纪，大约到了三亿年前石炭纪时期，大气含氧量比现在还要高，蜻蜓开始变得巨大。巨型蜻蜓翅膀长达75厘米，大约经过5000万年，从二叠纪中期到晚期，大气含氧量减少，蜻蜓的身体开始缩小，它们是在地球上生存了几亿年甚至逃过大灭绝的昆虫。

在安徽黄山发现并采集的蝴蝶裂唇蜓为母虫，翼展为 14 厘米。蝴蝶裂唇蜓是对生存环境非常敏感的生物。在幼年阶段，它们的稚虫不能忍耐被污染的水体，而只能生活在清澈的溪水中；成年以后，需要相当大面积的森林来完成成长和各种生命活动。它们的生存不仅与水质联系密切，还与河岸带的植被密切相关，因此利用蝴蝶裂唇蜓可以有效地评估蜻蜓栖息地的环境质量，这不仅包括它们幼年阶段生活的溪流的水质，还包括成虫阶段依赖的森林的植被质量。裂唇蜓之所以受到关注主要有两方面原因：首先是体形巨大，容易被人发现；其次是多数裂唇蜓都有显著的色彩，这样可以非常容易地把它们和其他蜻蜓区分开。在大型蜻蜓中，翅上有鲜艳色彩的类群非常罕见，而裂唇蜓则是特例。裂唇蜓是宝贵的自然财富，也是人类评估生态环境的得力助手。

第三节 中国最大的蝴蝶——金裳凤蝶

金裳凤蝶为国家Ⅱ级重点保护野生动物。金裳凤蝶属大型凤蝶，前翅黑色，翅脉两侧的灰白色鳞片明显，后翅金黄色，黑斑仅位于翅边缘，从侧后方观察其后翅可见荧光。雌蝶翅展120～150毫米，雄蝶翅展100～130毫米。雄蝶后翅金黄色，在逆光时观看，会呈现出类似珍珠在光照下反射出的光彩。随着光线入射角度的变化，可变换出青、绿、紫等色彩。该蝶飞翔时姿态优美，斑纹在阳光照射下金光灿灿，显得华贵美丽。

金裳凤蝶（雌性）

金裳凤蝶成虫常见于低海拔平地及丘陵地带。在热带森林高空或丘陵上空周旋，受惊后便飞逃。它飞行缓慢，飞行力强，喜欢滑翔在季风来临的晴天，可飞翔数小时不休息。有时主动攻击其他蝴蝶。成虫喜访花，卵产在寄主植物新芽、嫩叶的背腹两面或叶柄与嫩枝上。幼虫从1龄到末龄都栖息在叶的正面。老熟幼虫在比手指粗的枝条、树干或附近的建筑物上化蛹。食物包括花粉、花蜜、植物汁液。寄主为马兜铃科植物，幼虫摄食尖叶马兜铃、蜂巢马兜铃、印度马兜铃、大叶马兜铃、蕨兜铃等植物的叶。成虫整年可见，但主要发生期在3—4月份、9—10月份。

金裳凤蝶（雄性）

金裳凤蝶是澳大利亚—东洋生态区的蝴蝶，分布于印尼、缅甸、泰国、印度、尼泊尔以及中国浙江、福建、江西、安徽、广东、广西、海南、四川、云南、西藏、陕西、台湾和香港。

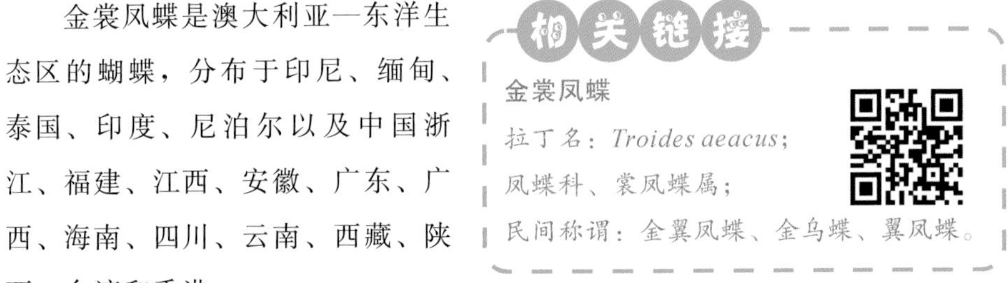

金裳凤蝶

拉丁名：*Troides aeacus*；

凤蝶科、裳凤蝶属；

民间称谓：金翼凤蝶、金乌蝶、翼凤蝶。

金裳凤蝶生活史经卵—幼虫—蛹—成虫四个阶段，属于完全变态的昆虫。一年多代，一次产卵5～20枚，以确保族群繁殖。此蝶种在中国广州以南，每年可发生六代，粤北地区则只有两代。

金裳凤蝶在蝴蝶界算是成虫界的“长寿冠军”。普通蝴蝶一般寿命10～15天，最短的仅活一周；而金裳凤蝶能活一个月以上。

第四节 爬动的宝石——拉步甲

拉步甲为国家Ⅱ级重点保护野生动物。拉步甲体长 34～39 毫米，体宽 11～16 毫米。体色变异较大，一般头部、前胸背板绿色带金黄或金红光泽，鞘翅绿色，侧缘及缘褶金绿色，瘤突黑色，前胸背板有时全部深绿色，鞘翅有时蓝绿色或蓝紫色。

成年拉步甲白天潜藏于枯枝落叶、松土或杂草丛中。一般夜晚捕食，多捕食鳞翅目、双翅目昆虫及蜗牛、蛞蝓等小型软体动物，也食植物性食物。成年拉步甲的臀腺还能释放蚁酸或苯醌等防御物质。幼年拉步甲大部分时间潜藏于浅土层中，一般在夜晚捕食蜗牛、蛞蝓等软体动物。

拉步甲（方杰 摄）

拉步甲为卵生，属完全变态类昆虫，一生经历卵、幼虫、蛹、成虫四个阶段。成年拉步甲会将卵产在2～3厘米深的土壤中，每次产卵6～10粒。卵经9天孵化为幼虫。拉步甲生活史比较长，一般一年一代或两代，以成虫或幼虫在土层中过冬。老熟幼虫（一般2龄）在3～4厘米深的土中做圆形土室化蛹，化蛹8天后羽化为成虫。

拉步甲具有重要的生态价值，是研究动物地理分布的理想对象。它们具有捕食性，在自然界生物平衡及消灭害虫方面起着一定作用。它们所捕食的鳞翅目、双翅目昆虫，以及蛞蝓、蜗牛之类基本都属于威胁农作物的害虫。由于拉步甲独特的外观和较高的观赏价值，有人通过人工繁育的形式养殖拉步甲作为宠物，但是拉步甲对饲养技术和环境要求比较高。野生拉步甲不允许捕捉饲养。

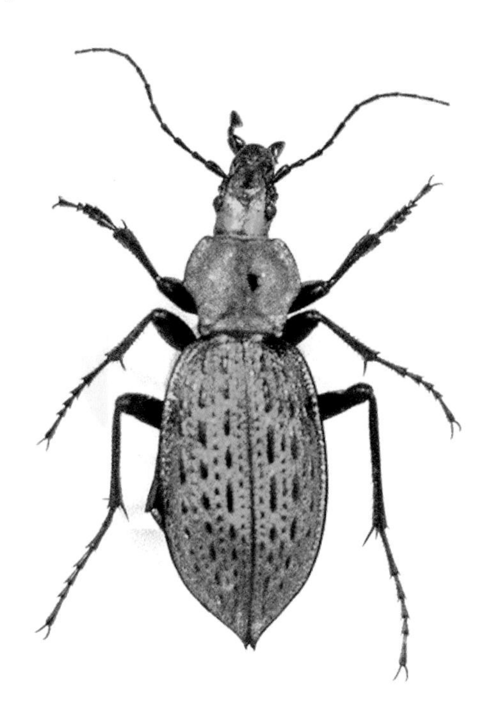

拉步甲标本（汪钧 摄）

相关链接

关于拉步甲的法律规定

根据2000年12月11日起施行的《最高人民法院关于审理破坏野生动物资源刑事案件具体应用法律若干问题的解释》中关于非法猎捕、杀害、收购、运输、出售珍贵、濒危野生动物刑事案件“情节严重”“情节特别严重”数量认定标准，非法猎捕、杀害、收购、运输、出售拉步甲达到6只的可认定为“情节严重”，达10只的可认定为“情节特别严重”。

第五节　铁甲武士——双叉犀金龟

双叉犀金龟（方杰 摄）

双叉犀金龟为中国“三有”保护昆虫，俗称独角仙。双叉犀金龟体长44～54毫米，宽27～29毫米，全体黑色或黑褐色，雄性头部具分叉粗大的、长的角状突起，前胸背板中央具相当强大的前伸分叉的角状突起。雌性在额头处有隆起，无法区分前胸与后背，但是在胸板上有一个“Y”字，背部的颜色稍稍有些深，尤其是雄性比较明显。

双叉犀金龟的幼虫口内长有发声器，可以在落叶堆里用人耳听不到的声音进行交流。昼伏夜出，黄昏开始活动，有趋光性。

双叉犀金龟

拉丁名：*Allomyrina dichotoma*；

英文名：Japanese Rhinoceros Beetle；

金龟子科、叉犀金龟属；

民间称谓：独角仙、兜虫。

雄性双叉犀金龟多好斗，搏斗时先上下晃动额角，收缩腹部发出“吱吱吱吱”声示威，如果双方均没被吓退，它们会努力将额角插入对手的身体下方，将对手举起、掀翻或扔到地上，失败者会立即认输逃走。

双叉犀金龟爱吃甜食，成虫取食榆、桑、无花果等植物的嫩枝及瓜类的花；幼虫多以朽木形成的腐殖质为食。双叉犀金龟取食方式特别，先用铲状的上唇划破树皮，然后用毛刷状的舌舔舐树汁，所以常会吸引其他夜行性昆虫一起取食，如各类天牛、夜蛾。

双叉犀金龟标本（汪钧 摄）

双叉犀金龟为卵生。7 月下旬至 8 月上旬，雄性双叉犀金龟会为了争夺交配权而搏斗，成功一方具有交配权。交配后的雌性双叉犀金龟会选择在湿润且有肥沃腐殖质的杂草、树叶下的石缝、碎木屑内产卵。产卵 9～28 粒，卵粒长 2～3 毫米，呈白色。7 月下旬至 8 月上中旬卵开始孵化成幼虫（孵化大约需要两周时间）。双叉犀金龟的发育经过受精卵、幼虫、蛹、成虫四个时期，它一生中需要蜕皮数次。幼虫一般都会寄生在泥土里，不会轻易地暴露自己，幼虫气门属于开放式，之所以需要生活在潮湿的地方，是因为双叉犀金龟在幼年时期如果缺水，很容易导致死亡。幼虫在泥土中慢慢蠕动，能够获取食物，排出粪便。幼虫以群居为主，平时性格比较温顺，但是成年后就会出现撕咬的情况。

双叉犀金龟雄性成虫可入药，中药材名为独角蜣螂虫，有镇惊、止痛及通便之功效。严格来说，双叉犀金龟是害虫，活动区域随地形变化，山区主要在杨树、栎树、榆树、栗树等林区活动，丘陵主要在核桃、桃、杏、李、柿等经济林果园活动，平原地带主要在梨、桃、杏、李等果园里活动。成虫在5—9月份主要危害杨树、栎树、杏树、桃树、栗树、杏树、梨树等树木的嫩枝或当年生树干和叶柄基部，造成新生枝或叶片枯萎死亡，果实产量减少。同时，其还吸食树木伤口处的汁液（特别是新断枝伤口），或危害桃、杏、李等成熟的果实。其尤其喜爱取食被鸟啄或虫伤害的成熟果实，以及林下种植的西瓜、甜瓜等成熟伤果。幼虫在杨树、果树苗圃地取食林木幼苗树根、杂草根及腐烂的木材锯末和腐烂的玉米秆、麦秆等。

双叉犀金龟何以被称为“甲虫之王”？

古人把动物分为5类：甲虫（有甲壳的虫及螺、蚌等）、鳞虫（鱼、蛇、蜥蜴）、毛虫（兽类）、羽虫（鸟类）和裸虫（青蛙、蚯蚓等）。足以见得甲虫家族在动物界的分量。它们生有坚硬、厚重的骨质外壳，仿佛各式各样的装甲车，防御力和行动力都非常出色。威武雄壮的独角仙更是其中的代表：身躯庞大，雄虫头部长有鹿角般带有分叉的长角，足见其霸气。提起动物界的大力金刚，总会有人想起蚂蚁（能够搬起自身体重600倍的物体）。实际上，独角仙比蚂蚁更加强悍，研究表明，独角仙能够搬动自身体重850倍的物体。独角仙的角并不是摆设，而是雄性之间决斗的武器。

第六节 昆虫中的猎豹——硕步甲

硕步甲为国家Ⅱ级重点保护野生动物。硕步甲体长 33～40 毫米，体宽 11～14 毫米。头部、触角和足均为黑色；前胸背板和侧板、小盾片均为蓝紫色；鞘翅绿色闪金属光辉，后半部具红铜光泽；腹部光洁，两侧有细刻点；足细长，雄虫前跗节基部斗节膨大，腹面有毛。后部常常红铜色光泽，加上背部雕刻状背纹，看上去似一件工艺品。

硕步甲

硕步甲的习性类似拉步甲，主要食性为肉食性，捕食昆虫、蜘蛛等小动物。硕步甲的成虫不善飞翔，有地栖性，多在地表活动，行动敏捷，或在土中挖掘隧道。昼伏夜出，成虫一般夜晚捕食，白天潜藏于枯枝落叶、松土或杂草丛中。多捕食鳞翅目、双翅目昆虫及蜗牛、蛞蝓等小型软体动物，或者取食动物的排泄物和腐殖质。

从名字上不难看出，硕步甲是一类非常善走的甲虫。无论成虫还是幼虫，皆活动敏捷，尤其是成虫，可谓昆虫界的竞走健将，因而被称为“昆虫中的猎豹”。

硕步甲属完全变态类昆虫，一生经历卵、幼虫、蛹、成虫四个阶段，幼虫经历蛹型、蛴螬型和拟蛹几个时期。生活史比较长，在北方一般一年一代或两代，以成虫或幼虫在土层中过冬。成虫将卵产在 2～3 厘米深的土壤中，每次产卵 6～10 粒。卵经 9 天孵化为幼虫，幼虫大部分时间潜藏于浅土层中，一般在夜晚捕食蜗牛、蛞蝓等软体动物。老熟幼虫在 3～4 厘米深的土中做圆形土室化蛹，化蛹 8 天后羽化为成虫。

硕步甲

拉丁名：*Carabus davidis*；

英文名：Carabus davidi；

步甲科、步甲属；

民间称谓：大卫步甲。

硕步甲是农田害虫的重要捕食性天敌，其成虫、幼虫的捕食能力强，行动敏捷，特别喜食蜗牛、鳞翅目幼虫，也取食蛴螬、蝗虫等。实验观察，1 龄幼虫一天可捕食 1～2 只蜗牛，2 龄幼虫一天可捕食 10～12 只蜗牛，成虫可捕食 2～4 只蜗牛或 2 只东亚飞蝗成虫，因此，利用硕步甲防治农田害虫具有广阔的应用前景。

相关链接

如何简单分辨拉步甲和硕步甲？

拉步甲——头部、前胸背板呈带金色光泽的绿色或纯绿色。

硕步甲——头部、触角及足部呈黑色，前胸背板、侧板及小盾片为蓝紫色。

第七节　优雅仙子——丝带凤蝶

丝带凤蝶（雌性）

丝带凤蝶翅展 42～71 毫米。翅薄如纸，触角短，眼侧有红色短毛，腹部有一条红线和黄白色斑纹。雌雄异色。雌蝶翅的颜色以黑色为主，间有黄白色、红色和蓝色的条纹分布，前翅中室分布着“W”形黄白色线纹；雄蝶翅的颜色以黄白色为主，也有黑色、红色和蓝色的条纹。

丝带凤蝶

拉丁名：*Sericinus montelus Grey*;

英文名：Sericinus montelus;

凤蝶科、丝带凤蝶属；

民间称谓：软凤蝶、马兜铃、凤蝶。

丝带凤蝶飞行时，飘飘忽忽，晃晃悠悠，就像即将坠地的风筝。丝带凤蝶“拖着”长长的尾突，也确实像风筝。丝带凤蝶飞行缓慢，“飞翔轻缓”是丝带凤蝶的“独特个性”，可能正是因为它的“慢性子”，其容易被天敌或者捕蝶人抓获，导致稀少而珍贵。

丝带凤蝶（雄性）

雌性丝带凤蝶一年可产多次卵，一次产卵不超过 20 枚。幼虫孵化后，会不断地吃食，若因数量过多而使植物减少以至饥饿，它们则会吃掉同类。由卵至成蛹约需 6 星期，蛹期约 1 个月或更长。蛹伪装为枯叶或树枝。幼虫在结蛹前会远离寄主植物。它们会选择在湿度较高的早上破蛹，以避免翅膀干枯。

成虫 4—8 月份出现，飞行轻缓。在山区数量较多，常常几只在一起轻舞。幼虫取食马兜铃科植物，雌蝶在寄主植物的叶上或附近植物的叶上产大量的卵，因此有时可在马兜铃科植物上见到大量的幼虫。

在江浙地区，人们将雄雌丝带凤蝶比作“梁祝蝶”。丝带凤蝶雌雄颜色不一样，雌蝶翅的颜色较深，雄蝶翅的颜色浅而亮。虽然成虫美如“仙子”，但幼虫却是地地道道的“丑八怪”。

丝带凤蝶不仅雌雄有别，而且春夏有异。春型：蝴蝶翅的颜色以黑色为主，间有黄白色、红色和蓝色的条纹分布；夏型：体形略大于春型，但体色较春型略浅，前翅上基本无红斑分布，尾状突明显长于春型。

第八节　中国甲虫中的“长臂猿”——阳彩臂金龟

阳彩臂金龟（方杰 摄）

阳彩臂金龟

拉丁名：*Cheirotonus jansoni Jordan*；

臂金龟科、臂金龟属；

民间称谓：长臂金龟、阳百万。

阳彩臂金龟为国家Ⅱ级重点保护野生动物。阳彩臂金龟体长69毫米左右，体宽40毫米左右，前肢长103毫米左右，体重40克左右。长椭圆形，背面强度弧拱；头面、前胸背板、小盾片呈光亮的金绿色，前足、鞘翅大部为暗铜绿色，鞘翅肩部与缘折内侧有栗色斑点；体腹面密被绒毛；前胸背板隆起，有明显中纵沟，密布刻点，侧缘锯齿形，基部内凹；前足特别长大，超过体躯长度。

阳彩臂金龟成虫出现于夏季，生活在低、中海拔山区。数量不少，为保育类昆虫。成虫的活动盛期为5月下旬到10月上旬，主要出现于7—9月份，有趋光性。雌虫常蛰伏在具有丰富腐殖质的洞穴里，深居简出。雄虫只好把前足伸进洞口以试探它是否在洞内。假如找到了雌虫，雄虫就用前足触碰和抚摸雌虫，最终把雌虫逗引出它的“闺房”。雌虫通常在夏季将卵产在朽木中，幼虫以朽木为食，至第二年夏天老熟化蛹，度过第二个冬天，第三年春天才羽化为成虫，并在夏初交尾。

阳彩臂金龟生活于常绿阔叶林中，成虫产卵于腐朽木屑土中，卵圆形，呈乳白色。初孵幼虫头淡黄色，胸、腹部白色，弯成C形。

相关链接

阳彩臂金龟雄虫前足长度往往超过体长，是名副其实的“大长腿”。之所以进化出这样的前足，与雄虫的繁殖需求密不可分。先期羽化的雄性成虫经常守在雌虫的树洞口，将前足伸出以逗引雌虫；在繁殖过程中，长长的前足可将雌虫牢牢抓住，使其难以逃脱。

第九节 网红巨齿蛉——越中巨齿蛉

越中巨齿蛉是一种广翅目昆虫，翅膀展开可达 21.6 厘米，身体长度可达 15 厘米，是世界上翅展宽度最大的水栖昆虫。它们和蜻蜓长得很像，体形比一个鸡蛋还大很多，足足有成人手掌那么大。无论雌雄成虫，头部前端都长有一副巨大的牙齿，长相非常凶猛。身体黑色，翅脉透明，具黑色网纹，布满黄色斑纹。

越中巨齿蛉

拉丁名：*Acanthacorydalis fruhstorferi*；

齿蛉科、巨齿蛉属；

民间称谓：巨型蜻蜓。

越中巨齿蛉标本（方杰 摄）

越中巨齿蛉虽然体形较大，长相凶猛，具有很强的攻击性，但成虫并不捕食其他动物，只吸食树木流出的汁液。

雌性越中巨齿蛉在洁净的水域产卵，幼虫孵化后在水流清澈的溪水或山区无污染的河道中生活，肉食性，捕捉水中小生物，以水生昆虫、小鱼、小虾之类为食。长到成虫后性情大变，开始“吃素”，只是饮些树汁，以有限的营养维持生命，遇到小动物只是将其驱走，概不食用。成虫夜间活动，有很强的趋光性。它们生活在溪流边草木比较茂盛的地方。

越中巨齿蛉标本

在安徽黄山发现并采集的越中巨齿蛉为雌虫，翼展为 19 厘米。越中巨齿蛉偏爱非常洁净的水源，是对水质非常敏感的生物，当水体发生污染或者酸碱度突然改变时，它们就无法适应，会迅速在这一水域消失。因此，它们存在与否直接反映了当地水质的好坏，被学界许多专家作为“水质指标昆虫”，被视为水源清洁度的晴雨表。

越中巨齿蛉虽是最大昆虫，为何不常见？

如今，越中巨齿蛉等物种在遭受着人类的威胁。水污染导致这种水质指标昆虫生存空间在慢慢缩小，甚至在很多污染严重的地方已经绝迹。在中国，很多省区已连续多年没能在野外观察到巨齿蛉。国内著名的云南省昆虫博物馆陈列的巨齿蛉成虫标本还是1986年时捕捉制作的。除了污染外，巨齿蛉还被当成美食供人们享用，四川的东方巨齿蛉和单斑巨齿蛉都曾被当成食物送上餐桌。例如在四川省攀枝花市周边，以前这里生活的东方巨齿蛉曾被叫作“爬沙虫”或“安宁土人参”，每年都有数十万只被送上餐桌。人为因素导致它们越来越罕见。

另有报道，成都华希昆虫博物馆馆长收到过一张吉尼斯世界纪录证书，上面写道：“最大水生昆虫（有翅亚纲）是一种鱼蛉（越中巨齿蛉），它有一个21.6厘米的翼展，2014年7月12日在中国四川成都被发现。它的标本陈列在华西昆虫博物馆。”

第十节　蝴蝶先生——中华虎凤蝶

中华虎凤蝶

拉丁名：*Luehdorfia Chinensis*；

凤蝶科、虎凤蝶属；

民间称谓：国宝蝶。

中华虎凤蝶为国家Ⅱ级重点保护野生动物。中华虎凤蝶雄蝶体长 15～17 毫米，平均 16.2 毫米，翅展 58～64 毫米，平均 60.8 毫米；雌蝶体长 17～20 毫米，平均 18.6 毫米，翅展 59～65 毫米，平均 62.2 毫米。翅黄色，间有黑色横条纹（黑带），酷似虎斑，亦称横纹蝶。除翅外，整体黑色，密被黑色鳞片和细长的鳞毛。在各腹节的后缘侧面有一道细长的白色纹。

中华虎凤蝶喜欢生活在光线较强而湿度不太大的林缘地带，飞翔能力不强，也没有其他凤蝶所有的那种沿着山坡飞越山顶的习性，因此只在特定的狭小地域内活动。它属于狭食性动物，经常寻访的蜜源植物主要有蒲公英、紫花地丁及其他堇科植物，也飞入田间吸食油菜花或蚕豆花蜜。日落前后栖息于低洼沼泽地段的枯草丛中，体表的色彩和条纹形成的警戒色可以使其在错杂的枯草背景上难以被天敌发现。它们有群居的习性，孵出以后全部聚集在卵壳的附近，第二天便开始在杜衡叶片背面的边沿齐头并进地共同取食，到了夜晚挤在叶下休息。在一龄蜕皮之前，它们比较安静，不活跃，也从不离开叶片。在阴雨天常回到空卵壳附近，而一受到透过叶面的光照，便又到叶缘去取食，秩序井然，从不混乱。幼虫的第一胸节背面有一枚分叉的橙色臭角，受到惊扰时突然伸出并发出臭气；如果触动它们，幼虫便迅速落地，呈假死状态，大约经过 20 秒钟以后，再慢慢地爬回原处。

中华虎凤蝶标本（汪钧 摄）

中华虎凤蝶属于完全变态昆虫，年生一代，一生要经历卵、幼虫、蛹、成虫四个阶段。中华虎凤蝶仅产卵于杜衡等马兜铃科细辛属的多年生草本植物上，每行卵排成一条直线，产完一行后再产第二行，总共约产 4 行 20 余枚卵，在大约半小时内产完。雌蝶在叶面上休息一段时间后，便再选一片叶子，进行第二次产卵。卵全部产完大约需要一个星期，共产卵 130 余粒。幼虫约在 4 月下旬孵出，同一片叶上的卵几乎在同一时间顺利出壳。初生的幼虫不足 1 毫米长，体色与蚯蚓相似，大大的头上生着长长的刚毛。长大后的蛹长 15 毫米左右，头端具 4 枚前突，胸部较腹部狭窄。

中华虎凤蝶分化为 2 个亚种，其中指名亚种分布于江苏、浙江、安徽、江西、湖北、河南等地，华山亚种分布于陕西的华山、太白山等地。中华虎凤蝶是中国独有的一种野生蝶，由于其独特性和珍贵性，被昆虫专家誉为“国宝”。南京是中华虎凤蝶数量最多的地区。中华虎凤蝶是中国昆虫学会蝴蝶分会的会徽图案。

尽管中华虎凤蝶在蝴蝶家族中算是体形比较大的，但是它们的实际飞行能力却比较差。特别是在阴天潮湿的情况下，中华虎凤蝶飞翔起来会更为困难。故而综合食物来源与气候两方面考虑，中华虎凤蝶更多会在森林的边缘活动。在自然环境中，中华虎凤蝶也属于一种比较弱势的物种，大大小小、形形色色的猎手都有可能冲它们下手，比如蜘蛛、螳螂等，另外一些树栖性的哺乳动物或者是鸟类也经常会捕食中华虎凤蝶。

相关链接

中华虎凤蝶是南京的“明星物种”，在南京人气极高，不只因其是国家Ⅱ级野生保护动物，也得益于其与南京不解的缘分。1989年，世界第一套中华虎凤蝶全程生活史标本在南京制成；2016年，“中华虎凤蝶自然博物馆”在南京建成开馆，这为中华虎凤蝶的保护添上了浓抹重彩的一笔。

黄山动物研学之旅

黄山为我国十大名山之一，被称为“天下第一奇山”。大旅行家徐霞客登黄山时曾经发出感叹道：“薄海内外之名山，无如徽之黄山。登黄山，天下无山，观止矣!”这句话被后人引申为“五岳归来不看山，黄山归来不看岳”。黄山独特的地形、地貌是众多野生动物天然的家园。目前，黄山有417种脊椎动物，以全国0.044‰的陆地面积，分布着全国9.55％的动物物种。

黄山珍稀野生动物众多。其中国家Ⅰ级重点保护野生动物有：黑麂、梅花鹿、白颈长尾雉、东方白鹳、穿山甲等；国家Ⅱ级重点保护野生动物有：黄山短尾猴、黄麂、黑熊、大灵猫、小灵猫、獐、鬣羚、大鲵等。

一、研学目标

1. 了解黄山独特的地质地貌，理解黄山动植物异常丰富多样的成因。

2. 熟悉黄山珍稀动物相貌、生活习性、繁殖方式、栖息环境、食物链及其在生态系统中的作用。

3. 了解野生动物保护的主要途径。

二、研学内容

1. 游览黄山概貌，感受大自然的神奇力量所形成的独特地质地貌和天文气象景观，记录和拍摄沿途所观察到的黄山动物。

一日游推荐线路：

黄山景区换乘中心坐巴士→云谷寺→坐索道上山→白鹅新站→始信峰→黑虎松→梦笔生花→猴子观海→团结松→排云亭→1 环→2 环→谷底→乘坐地轨→天海站→白云宾馆→光明顶→→鳌鱼峰→百步云梯→莲花亭→迎客松→玉屏索道→乘缆车下山→慈光阁→坐景区巴士到换乘中心。

表 1　沿途动物简要记录表

名称	照片	体貌特征描述	栖息位置	拍摄时间
短尾猴				
松鼠				

【背景资料】

黄山是世界文化与自然双遗产，世界地质公园，国家 AAAAA 级旅游景区，国家级风景名胜区，全国文明风景旅游区示范点，中华十大名山之一，天下第一奇山。

黄山号称有“三十六大峰，三十六小峰”，主峰莲花峰海拔高达 1864 米，与平旷的光明顶、险峻的天都峰一起，雄踞在景区中心，周围还有众多千米以上的山峰，群峰叠翠，有机地组合成一幅有节奏旋律、波澜壮阔、气势磅礴的立体画。

黄山无处不风景，奇松、怪石、云海、秀峰，这里的花花草草，以及天上飞的、地下跑的、充满着野趣的“小可爱们”，令人神往。黄山风景区自然环境条件复杂，生态系统稳定平衡，是动物栖息和繁衍的理想场所。在黄山常见的动物有：黄山短尾猴、松鼠、果子狸等。

2. 参观黄山野生动物园（皖南国家野生动物救护中心），熟悉黄山特有珍稀野生动物的体貌特征、生活习性，了解野生动物救护相关情况。

【背景材料】

皖南国家野生动物救护中心（黄山野生动物园）由原国家林业部批准建设（安徽省唯一），1998 年 4 月建成并正式对外开放。该中心占地 15 公顷，内设科研管理区、笼养管理区、圈养管理区、种群繁殖区和宣教培训基地，融保护、科研、宣教、生产、旅游为一体。救护中心的建立为黄山旅游增添了一道亮丽的风景线。

表 2　皖南野生动物园动物记录表

名称	照片	体貌特征	生活习性栖息环境	繁殖方式
黑鹿				
黄麂				
花面狸				
梅花鹿				

续表

名称	照片	体貌特征	生活习性栖息环境	繁殖方式
短尾猴				
猕猴				
鬣羚				

3. 参观黄山区新华野生动物保护管理中心站，观看野生动物保护宣传片等视频资料，了解黄山野生动物保护状况、野生动物保护知识。

【背景材料】

野生动物保护主要途径：

(1) 从法律层面规范野生动物保护工作，主要法律《中华人民共和国野生动物保护法》。

(2) 划定野生动物保护区，在保护区内限制人类活动对野生动物及栖息环境的干扰与破坏。

(3) 建立珍稀野生动物保护名录，对濒危野生动物进行重点保护。

（4）设立野生动物保护站，贯彻执行野生动物保护相关法律法规，监督和制止各类活动对野生动物及栖息场所造成的危害。

（5）成立野生动物人工繁育与救护组织，通过人工繁育扩大濒危野生动物种群，对受到伤害的野生动物进行救护。

（6）通过各类野生动物保护公益组织，比如野生动物保护协会、宣传野生动物保护知识、引导树立野生动物全民保护意识。

4. 组织野生动物保护有奖知识竞答，巩固此次研学内容。

（1）保护野生动植物有很多意义，不属于其意义的是________等。

a. 环境效应　　b. 文化价值　　c. 观赏价值

（2）世界野生生物基金会的会徽图案是________。

a. 丹顶鹤　　b. 大熊猫　　c. 骆驼

（3）任何单位和个人发现受伤、病弱、饥饿、受困、迷途的国家和地方重点保护野生动物时，应当________。

a. 自己带回家中收养　　b. 置之不理

c. 及时报告当地野生动物行政主管部门

（4）属于国家Ⅰ级保护动物的黄山野生动物是________。

a. 猕猴　　b. 短尾猴　　c. 穿山甲　　d. 大鲵

（5）属于国家Ⅱ级保护动物的黄山野生动物是________。

a. 梅花鹿　　b. 黑麂　　c. 短尾猴　　d. 云豹

（6）被称为“最神秘的鹿科动物”的是________。

a. 黄麂　　b. 黑麂　　c. 鬣羚　　d. 云豹

（7）被称为“黄山精灵”的动物是________。

a. 猕猴　　b. 短尾猴　　c. 穿山甲　　d. 梅花鹿

（8）我国最重要的野生动物保护法律是________。

a.《中华人民共和国野生动物保护公约》

b.《中华人民共和国野生动物保护法》

（9）黄山有________种国家Ⅰ级保护野生动物。

a. 3　　b. 5　　c. 7　　d. 9

（10）黄山有________多种国家Ⅱ级保护野生动物。

a. 10　　　b. 20　　　c. 30　　　d. 40

三、物资准备

表3　物资准备一览表

携带物品	品名	备注
衣物	遮阳帽、雨衣、登山鞋、防水鞋套	最好穿登山袜、带登山杖
药品	治疗蚊虫叮咬、创伤的药品及晕车药等	
生活用品	双肩包、食品、水、纸巾等	不建议携带挎包
学习工具	研学资料、笔、纸等	
定位及通信工具	带有导航地图功能的手机、充电宝	
其他		不向动物投喂食品

四、研学行程

1. 第一天游览黄山全貌（见一日游推荐线路）。

2. 第二天上午乘大巴参观野生动物园，下午参观黄山区新华野生动物保护管理中心站，傍晚乘大巴返回。

五、安全注意事项

1. 以小组为单位结伴而行，听从老师指挥，严格遵守作息时间。

2. 每次活动后，组长及时清点人数。如遇特殊情况，及时向老师汇报。

3. 研学活动在山区进行，要遵守纪律，保持联系，注意安全。

4. 在景点参观时注意保护文物古迹，不要随意刻画。

5. 保护景区设施和植被，保持卫生整洁，不随地扔垃圾。

6. 不要随意靠近悬崖、水域等危险区域，严禁私自活动。

六、研学成果展示

从下列任选其一，进行研学成果展示。

1. 记录游览中所拍摄的动物照片，整理制作成时间轴相册。

2. 选出活动中观察到的印象最深的三种珍稀野生动物，并列出其生活习性、栖息环境、繁育方式等。

3. 若有条件的话，可与动物园合作，选择一定数量有代表性的珍稀动物，设置各动物二维码，开展一对一动物“线上关怀认养”活动。

参考文献

[1] 万里凝．畅游在“华东物种基因库”［J］．今日上海，2003（6）：52—53.

[2] 黄林沐，张阳志，李维．黄山风景区探寻保护地卓越管理的模式［J］．世界遗产，2015（4）：50—55.

[3] 四川省生物研究所两栖爬行动物研究室．蛙属一新种——凹耳蛙［J］．动物学报，1977，23（1）：116—118.

[4] 安徽省林业厅野生动物资源调查办公室．安徽黄山的鱼类两栖类及爬行类名录［A］．野生动物调查与保护（第二集）［C］．1978：49—50.

[5] 陈壁辉．安徽两栖爬行动物志［M］．合肥：安徽科学技术出版社，1991.

[6] 刘红，袁兴中．我国山地生物多样性初探［J］．山地研究，1996，14（1）：3—8.

[7] 杨艳刚，王飞飞，李雪飞，等．风景名胜区生物多样性保护的理论与实践——以黄山风景区为例［J］．四川环境，2006（4）：39—42.

[8] 刘雨芳，尤民生．中国的生物多样性及其数据资源与信息系统研究现状［J］．湘潭师范学院学报，2002，24（1）：58—63.

后　记

人类一方面对自然充满了敬畏与好奇，另一方面又为了种种目的，毫无节制地对自然进行干预与破坏，不仅造成了动物们赖以生存的环境消失，许多时候甚至还直接猎杀这些动物。相信大家阅读本书后一定会更加重视保护环境，主动为野生动物们留下自由生存的空间。

动物面临的生存问题日益严重，我们拯救濒危动物的方式除了去野味市场营救那些可怜的动物，也可以通过给它们摄影进行宣传的方法，用打动人心的影像，让人们看到它们，关注它们，行动起来保护它们。现在是我们拯救这些珍稀动物最好的时机，互联网时代给了我们最大的便利和条件。让我们每个人行动起来，切实加入进来，一起守护这些美丽的生灵。

这些年来，黄山风景区野生动物保护工作很有成效，群众对野生动物的保护意识显著提升，这是好的开始，更是新的动力。相信今后会有越来越多的人自发地融入进来，为祖国、为世界、为全人类守护好这里的绿水青山，保护好黄山的生物多样性、文化多样性和生态环境，促进保护区经济社会可持续发展，促进人与自然环境和谐共生，共同创造美丽和谐的新黄山。

好风凭借力，扬帆正当时。我们将以维护生物多样性为己任，以生命为本，深入贯彻落实习近平生态文明思想，坚持绿水青山就是金山银山，统筹山水林田湖草系统治理，保护人与自然生命共同体，让黄山成为万物生灵繁衍生息的天堂，为全面建设美好安徽、美丽中国提供坚实的生态保障，为世界生物多样性保护事业做出积极贡献，让黄山这颗生态明珠永远熠熠发光！

笔者即兴赋诗一首，愿所有动物都能被温柔以待：

黟山万物生

——蔡懿苒

林深烟消云散

溪涧舞姿轻曼

谷中猿声纠缠

倏然万物奔散

花叶时光流转

山间众生企盼

你们在此刻的幸福中灿烂

眉间依稀烁闪

永不黯淡